ORNITHOLOGIE

DU PÉROU

Par Ladislas Taczanowski

TABLES

TYPOGRAPHIE OBERTHUR, A RENNES

1886

ORNITHOLOGIE

DU PÉROU

ORNITHOLOGIE

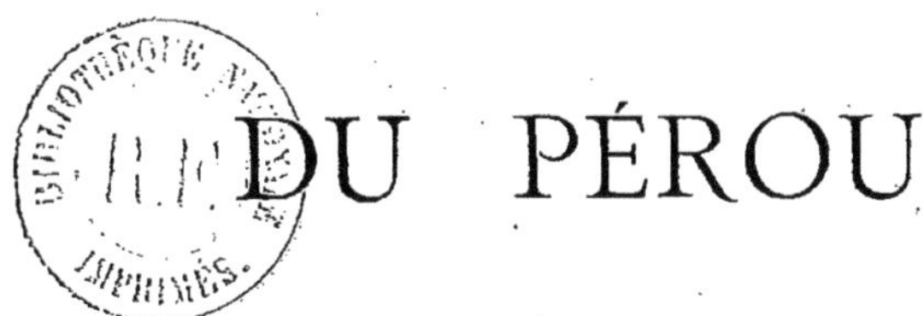

DU PÉROU

Par Ladislas TACZANOWSKI

TABLES

TYPOGRAPHIE OBERTHUR, A RENNES

1886

TABLES SYNOPTIQUES

POUR DÉTERMINER LES GENRES ET LES ESPÈCES PÉRUVIENS

Famille VULTURIDÆ

A Tête et cou dénués, sommet de la tête surmonté d'une crête charnue; ailes plus longues que la queue, rémiges secondaires presque égales aux primaires.

A' Doigts externe et interne presque d'égale longueur.   Sarcorhamphus

A" Doigt externe plus long que l'interne.   Cathartes

B Tête dénuée sans crête verticale; queue égalant la moitié de la longueur de l'aile, rémiges primaires dépassant les secondaires.

B' Queue coupée carrément.   Catharistes

B" Queue arrondie.   Œnops

Genre ŒNOPS

a Tête toute rouge.   Œ. aura

b Tête d'un rouge violâtre, à tache occipitale blanc verdâtre.   Œ. pernigra

c Tête d'un jaune orangé.   Œ. urubitinga

Famille FALCONIDÆ

A Doigts externe et interne réunis au médian par une membrane basale; visage en partie dénué.

A' Narines oblongues.   Polyborus

A" Narines rondes.

AA Coloration uniforme dans les deux sexes.   Ibycter

AB Coloration différente dans les sexes.   Milvago

B Doigt interne non réuni au médian par la membrane basale.

B' Tarse presque aussi long que les tibias; quatrième ou cinquième rémige la plus longue, queue dépassant beaucoup le bout des ailes.

BA Bec à bords de la mâchoire découpés en deux dents fort prononcées.   Harpagus

BB Bec à bords de la mâchoire découpés en un feston arqué.

Ba Une collerette de plumes distinctes des environnantes autour du visage.   Circus

Bb Point de collerette.

Bα Face antérieure du tarse réticulée; bec élevé à narines rondes.   Micrastur

Bβ Face antérieure du tarse couverte de scutelles.

B1 Doigt externe beaucoup plus court que l'interne.   Geranospiza

B2 Doigt externe beaucoup plus long que l'interne.   Accipiter

B'' Tarse beaucoup plus long que les tibias; troisième, quatrième ou cinquième rémiges les plus longues.

BA Distance entre l'extrémité des rémiges primaires et des secondaires égale ou plus longue que le tarse.

Ba Queue égalant le double de la longueur du tarse.

Bα Ailes dépassant le bout de la queue.

B1 Doigt médian avec l'ongle plus long que la partie non emplumée du tarse.

Bx Narines ovalaires.

1 Quatrième rémige la plus longue.   Buteo

2 Troisième et quatrième rémiges égales, doigt médian avec l'ongle plus longs que la partie du tarse couverte de scutelles.   Geranoaëtos

3 Troisième, quatrième et cinquième rémiges égales et les plus longues.   Leucopternis

Bxx Narines rondes.   Buteola

B2 Doigt médian avec l'ongle plus court que la partie non emplumée du tarse.   Heterospizias

Bβ Ailes n'atteignant pas l'extrémité de la queue. ..... Asturina

BB Distance entre l'extrémité des rémiges primaires et des secondaires moins longue que le tarse.

  Ba Tête sans huppe.

    Bα Distance entre l'extrémité de l'aile et de la queue plus longue que le pouce. ..... Buteogallus

    Bβ Distance entre l'extrémité des ailes et de la queue plus courte que le pouce. ..... Urubitinga

  Bb Tête huppée.

    Bα Narines moins longues que leur distance du sommet du bec. ..... Harpyia

    Bβ Narines plus longues que leur distance du sommet du bec.

      B1 Queue deux fois aussi longue que le tarse. ..... Harpyhaliaëtus

      B2 Queue quatre fois aussi longue que le tarse. ..... Morphnus

      B3 Tarse emplumé jusqu'aux doigts. ..... Spizaëtus

BC Tarse réticulé jusqu'aux doigts.

  Ba Ongles pleins, non creux en dessous.

    Bα Doigts armés d'épines, ailes dépassant le bout de la queue. ..... Pandion

    Bβ Doigts sans épines, queue dépassant les ailes. ..... Gampsonyx

  Bb Ongles creux en dessous.

    Bα Queue très longue profondément fourchue. ..... Nauclerus

    Bβ Ailes dépassant l'extrémité de la queue, troisième rémige la plus longue. ..... Ictinia

    Bγ Queue dépassant l'aile.

      B1 Bec élevé, court; tête grosse couverte au sommet de plumes fines et raides. ..... Herpetotheres

      B2 Bec terminé par un crochet plus ou moins long; pattes courtes. ..... Regerrhinus

B''' Ailes aiguës, à deuxième rémige la plus longue, bords de la mâchoire armés d'une dent proéminente.

BA Coloration semblable dans les deux sexes.

  Ba Taille forte. ..... Falco

  Bb Taille petite. ..... Hypotriorchis

BB Coloration dissemblable dans les deux sexes. ..... Cerchneis

Genre **IBYCTER**

a Plumage noir, à base blanche dans la queue.	I. ATER
b Plumage noir, à ventre, les tibias et les sous-caudales blancs.	I. AMERICANUS

Genre **MILVAGO**

a Queue du mâle noire terminée de blanc.	M. MEGALOPTERUS
b Queue fauve rayée et terminée longuement de noir.	M. CHIMACHIMA
c Queue fauve grisâtre vermiculée finement de brun, à extrémité longuement brun noirâtre.	M. CHIMANGO

Genre **CIRCUS**

a Sous-alaires noires.	C. MACULOSUS
b Sous-alaires blanches, chez la ♀ variées de roux.	C. CINEREUS

Genre **MICRASTUR**

a Taille forte.	
a' Dessus du corps et des ailes schistacé uniforme.	M. MIRANDOLLEI
a'' Dessus brun, à collier nucal ocreux.	M. SEMITORQUATUS
b Taille petite.	
b' Quatre raies blanches en travers de la queue.	M. GILVICOLLIS
b'' Deux raies blanches en travers de la queue.	M. PELZELNI

Genre **ACCIPITER**

a Tout le dessous cendré.	
a' Sous-alaires rousses.	A. PILEATUS
a'' Sous-alaires blanches.	A. BICOLOR
b Dessous blanchâtre, à flancs et poitrine roussâtres; pantalons roux.	A. ERYTHROCNEMIS

Genre **BUTEO**

a Blanc pur en dessous, dos cendré chez le ♂, roux chez la ♀.	B. ERYTHRONOTUS
b Tout le dessous isabelle blanchâtre maculé de brun.	B. PENNSYLVANICUS

Genre **ASTURINA**

a Cendré foncé en dessus.
   a' Poitrine cendrée, abdomen blanc rayé de
     roussâtre ou de cendré.   A. magnirostris
   a" Poitrine roussâtre, abdomen rayé de roux et
     de fauve.   A. Nattereri
b Tout le plumage noir, à base de la queue, les
   sus et sous-caudales blanches.   A. leucorrhoa

Genre **URUBITINGA**

a Noir, à queue traversée d'une bande blanche
   très large, voisine de la base; sus-caudales
   blanches.   U. zonura
b Brun ardoisé, à queue traversée d'une bande
   blanche, peu large, plus proche de l'extrémité;
   sus-caudales schistacées, à bordures blanches.   U. schistacea
c Brun noirâtre, à tibias et le devant de l'aile roux;
   bas de la queue, sus et sous-caudales blancs.   U. unicincta

Genre **SPIZAETOS**

a Huppe étroite.   S. ornatus
b Huppe large.   S. tyrannus

Genre **REGERRHINUS**

a Crochet du bec long.   R. megarynchus
b Crochet du bec faible.   R. cayennensis

Genre **FALCO**

a Tête et dessus du corps noir presque uniforme;
   cire foncée.   F. deiroleucus
b Dessus du corps noirâtre rayé en travers de
   cendré; cire jaune.   F. Cassini

Genre **HYPOTRIORCHIS**

a Tête et dessus du corps noir presque uniforme;
   cire noire.   H. rufigularis
b Dessus du corps cendré plombé; sourcil roux
   très large; cire jaune.   H. femoralis

Famille STRIGIDÆ

A Tête à deux huppes latérales.
   A' Fente auriculaire courte, moins large que l'œil.
     AA Aile courte, tarse et doigts plus ou moins
        emplumés.   Bubo
     AB Doigts dénués.
       Aa Ailes dépassant l'extrémité de la queue. Scops
       Ab Ailes n'atteignant pas l'extrémité de la
          queue.   Lophostrix
   A'' Fente auriculaire très longue, plus longue que
     le diamètre de l'œil; ailes atteignant ou dépas-
     sant l'extrémité de la queue.   Otus
B Tête sans huppes.
   B' Fente auriculaire petite, moins longue que le
     diamètre de l'œil.
     BA Doigt médian avec l'ongle plus long que le
       tarse.   Glaucidium
     BB Doigt médian avec l'ongle plus court que le
       tarse.   Pholeoptynx
   B'' Fente auriculaire plus longue que le diamètre
     de l'œil.
     BA Plumes rayonnées courtes au-dessus de
       l'œil.
       Ba Doigts emplumés dans leur plus grande
          moitié basale.   Pulsatrix
       Bb Doigts nus presque en entier.   Ciccaba
     BB Plumes rayonnées longues autour des yeux. Strix

Genre OTUS

a Huppes longues.   O. mexicanus
b Huppes très courtes.   O. brachyotus

Genre CICCABA

a Dos brun uniforme.   C. melanonota
b Dos brun rayé en travers de blanc.   C. virgata

Famille **CAPRIMULGIDÆ**

A Ongle du doigt médian non dentelé; doigt externe
à cinq phalanges.
  A' Bec élevé, à arête fort arquée, les narines éloignées des plumes frontales; tarse court dénué. Steatornis
  A" Bec fort, aplati, couvert de plumes jusqu'aux
narines; tarse court emplumé.   Nyctibius
B Ongle du doigt médian dentelé; doigt externe à
quatre phalanges.
  B' Base du bec non armée de soies raides.
    BA Tarse élevé non emplumé, queue médiocre
terminée carrément.   Podager
    BB Tarse court emplumé au-devant et à l'exté-
rieur.
      Ba Queue courte coupée carrément.   Lurocalis
      Bb Queue médiocre, échancrée.   Chordeiles
  B" Base du bec armée de soies raides.
    BA Queue normale.
      Ba Tarse court emplumé dans sa partie su-
périeure.
        Bα Queue arrondie à l'extrémité.   Antrostomus
        Bβ Queue échancrée ou coupée carré-
ment.   Stenopsis
      Bb Tarse élevé non emplumé.   Nyctidromus
    BC Queue anormale très longue et profondé-
ment fourchue.   Hydropsalis

Genre **NYCTIBIUS**

a Blanchâtre vermiculé de brun, à bande pectorale noire incomplète, taille forte.   N. grandis
b Macules noires sur la poitrine.
  b' Brun grisâtre en dessus strié de noir, taille
médiocre.   N. jamaïcensis
  b" Roux strié et vermiculé de noir, taille médiocre.   N. longicaudatus
c Marron foncé vermiculé de noir; poitrine, ventre
et scapulaires à taches blanches bordées de noir,
taille petite.   N. bracteatus

Genre **CHORDEILES**

a Quatre premières rémiges traversées par une
large bande blanche.

    a' Sommet de la tête noir maculé de roussâtre, dos noir varié de taches et ocelles gris.   C. ACUTIPENNIS

    a'' Sommet de la tête gris roussâtre varié de grosses stries noires, dos gris clair strié de noir.   C. PERUVIANUS

  b Quatre premières rémiges sans bande blanche, les autres primaires à base blanche formant un grand miroir.   C. RUPESTRIS

Genre **ANTROSTOMUS**

a Rémiges sans raie blanche.

    a' Trois rectrices latérales de chaque côté de la queue terminées longuement de roussâtre ; demi-anneau collaire roussâtre.   A. RUFUS

    a'' Trois rectrices latérales terminées courtement de blanc ; plumage roux brunâtre, demi-anneau collaire blanc, ocelles noirs sur les scapulaires, macules blanches sur l'abdomen.   A. OCELLATUS

    a''' Rectrices traversées d'une douzaine de raies roussâtres tachetées de noirâtre.   A. MACULICAUDUS

  b Les deuxième, troisième et quatrième rémiges traversées d'une raie blanche.

    b' Deuxième et troisième rectrices terminées de blanc.   A. NIGRESCENS

    b'' Première rectrice terminée de blanc.   A. PARVULUS

Genre **STENOPSIS**

a Trois rectrices latérales de chaque côté de la queue blanches dans le tiers terminal, une bande blanche dans leur moitié, dessin du dessus du corps subtil.   S. BIFASCIATA

b Deux rectrices latérales de chaque côté de la queue terminées de blanc, dessin du dessus du corps gros.   S. ÆQUICAUDATA

Genre **HYDROPSALIS**

a Rectrices externes fort prolongées, atténuées à l'extrémité, à baguette et barbe externe toutes blanches.   H. SEGMENTATA

b Rectrice externe fort prolongée noire, terminée de blanc, bordée intérieurement de roux à la base, collier roux.   H. LYRA

c Queue profondément bifurquée, deuxième et troisième rectrices blanches terminées de noirâtre.   H. BIFURCATA

Famille **CYPSELIDÆ**

A Tarses emplumés; doigts externe et médian à trois
phalanges; pouce dirigé en avant ou sur le côté;
rectrices normales.
  a Tarse emplumé, doigts dénués, pouce antérieur. Cypselus
  a' Tarse et doigts emplumés, pouce latéral. Panyptila
B Rectrices terminées en pointe.
  b Baguettes à épines proéminentes. Chætura
  b' Baguettes à épines non proéminentes. Cypseloïdes

Genre **CYPSELUS**

a D'un noir fuligineux mat.
  a' Croupion et un demi-collier blancs. C. andecolus
  a'' Plaque jugulaire et une bande le long du des-
    sous blanches. C. montivagus
b Dessus noir lustré de verdâtre, à plumes bordées
finement de blanchâtre. C. squamatus

Genre **CHÆTURA**

a Queue courte, à rectrices ne dépassant les tectrices que par leurs épines. Ch. poliura
b Queue dépassant plus ou moins les tectrices.
  b' Noir fuligineux, avec un collier roux très
  large. Ch. rutila
  b'' Noir luisant en dessus, cendré foncé au croupion et en dessous. Ch. Sclatéri

Famille **HIRUNDINIDÆ**

A Bec robuste, non aplati à la base, à narines rondes. Progne
B Bec aplati à la base, à narines oblongues.
  B' Narines voisines des plumes frontales; couleur
  des parties supérieures du corps à reflet mé-
  tallique plus ou moins fort.
  BA Queue plus ou moins profondément four-
    chue.
    Ba Sous-caudales concolores à l'abdomen. Hirundo
    Bb Sous-caudales noires. Atticora
  BB Queue coupée carrément ou à peine en-
  taillée. Petrochelidon

B" Narines éloignées des plumes frontales; couleur sans reflet métallique sur les parties supérieures du corps.

   BA Barbe externe de la première rémige normale.   Cotyle

   BB Barbe externe de la première rémige à barbules raides recourbées à l'extrémité en crochet.   Stelgidopteryx

Genre **PROGNE**

a Couleur générale noire lustrée de bleu.   P. purpurea
b Bicolore.
   b' Noir lustré de bleu en dessus, blanc en dessous, nébulé de gris au cou et à la poitrine.   P. chalybæa
   b" Gris fuligineux en dessus, dessous blanc, à poitrine grise.   P. tapera

Genre **HIRUNDO**

a Rectrices externes prolongées en un appendice atténué.
   a' Front gris blanchâtre; dessous roux.   H. erythrogastra
   a" Front et dessous du corps roux.   H. Tytleri
b Rectrices latérales normales.
   b' Dessous et croupion blancs.
      ba Dessous blanc pur, une grosse tache alaire blanche.   H. albiventris
      bb Flancs et dessous grisâtres, devant du front blanchâtre.   H. leucorrhoa
      bc Poitrine et côtés de l'abdomen enduits de grisâtre, point de tache blanche alaire.   H. leucopygia
   b" Tout le dessous grisâtre, à gorge d'un gris plus foncé; croupion concolore au dos.   H. andicola

Genre **ATTICORA**

a Dessous du corps blanc, sous-caudales noires.   A. cyanoleuca
b Dessous du corps noir ou gris.
   b' Dessous noir, à bande pectorale blanche.   A. fasciata
   b" Dessous et croupion gris, tibias blancs.   A. tibialis
   b'" Dessous gris uniforme, à sous-caudales noirâtres, croupion concolore au dos.   A. cinerea

Genre **STELGIDOPTERYX**

a Plumes du croupion concolores au dos.   S. ruficollis
b Plumes du croupion blanchâtres.   S. uropygialis

Famille **TROCHILIDÆ**

A Queue normale.

  A' Oiseaux sans huppe et sans collerette sur les côtés du cou.

    AA Bec à arête dorsale dénudée entre les scutelles nasales, dépassant le bord antérieur des narines, ces dernières découvertes.

     Aa Bec plus long que la tête, non cylindrique; rectrices médianes presque égales aux submédianes.

      Aα Bec arqué presque en tiers de cercle, à mâchoire comprimée et creusée sur les côtés jusqu'aux $^2/_3$ de sa longueur.   EUTOXERES

      Aβ Bec légèrement arqué, à mâchoire non comprimée, à sillon creux n'atteignant pas la moitié du bec.   GLAUCIS

     Ab Rectrices médianes notablement plus longues que les submédianes, ordinairement allongées et brusquement atténuées après les submédianes, cette partie allongée souvent blanche.   PHAÉTHORNIS

     Ac Baguette des rémiges primaires dilatée et aplatie dans sa partie basale.

      Aα Queue longue et fourchue profondément.   EUPETOMENA

      Aβ Ailes presque coudées, chez le ♂ la baguette de la première rémige très dilatée à la base et non barbée à l'extérieur de cette partie, queue non fourchue arrondie.   CAMPYLOPTERUS

      Aγ Ailes falciformes chez le ♂, à baguette de la première rémige peu dilatée et peu aplatie, barbée à l'extérieur.   APHANTOCHROA

     Ad Baguette des rémiges primaires normale, queue légèrement arrondie.   LAMPORNIS

     Ae Bec droit aussi long que les deux tiers du corps; des plumes squamiformes au front.   FLORICOLA

     Af Bec droit ou peu arqué, moins long que les deux tiers du corps.

      Aα Queue tronquée ou presque tronquée.

A1 Dessous du corps revêtu de plumes blanches soyeuses, sous-caudales blanches ou cendrées, quelquefois vertes.

  1 Rectrices en partie blanches à la base, ou d'un blanc cendré au bout, ou d'un vert uniforme. LEUCIPPUS

  2 Rectrices sans blanc à la base et à l'extrémité, le blanc du dessous parfois très rétréci. URANOMITRA

  3 Dessous du corps blanc, à gorge et cou antérieur parsemés de points brillants. THAUMATIAS

A2 Dessous du corps revêtu de plumes vertes souvent frangées de blanc, offrant quelquefois une raie longitudinale médiane blanche ne couvrant pas la moitié de la largeur du corps. AGYRTRIA

A3 Dessous du corps squamiforme vert; queue subarrondie. POLYTMUS

Ag Bec élargi à la base graduellement atténué vers l'extrémité.

  Aα Dessous du corps en partie roux, souvent d'un vert tendre, rectrices en partie rousses. AMAZILIA

  Aβ Queue dorée, bronzée ou vert dorée, plus brillante en dessous qu'en dessous. CHRYSURONIA

  Aγ Queue non dorée.

    A1 Bec élargi et aplati à la base, menton roux ou tacheté de blanc, cou et poitrine bleus. HYLOCHARIS

    A2 Bec assez large à la base, menton non roux ni blanc, cou et poitrine verts ou d'un vert bleuâtre. EUCEPHALA

Ah Bec aussi long que la tête. Droit, terminé en pointe aiguë; ailes atteignant l'extrémité de la queue, doigts courts. CHLOROSTILBON

AB Base de la mâchoire couverte de plumes entre les scutelles cachant plus ou moins l'arête dorsale.

  Aa Bec plus ou moins arqué, ordinairement fort, tête triangulaire.

    Aα Bec denticulé à l'extrémité des bords des deux mandibules, région auri-

culaire parée d'une touffe de plumes
se détachant du corps, queue à rec-
trices larges peu inégales.   PETASOPHORA
Aβ Queue entaillée, à rectrices termi-
nées en angle émoussé.   JOLÆMA
Aγ Queue à rectrices rigides, peu inégales, atténuées vers l'extrémité et
aiguës au bout, barbe externe de la
rectrice latérale étroite; gorge et
devant du cou parés d'une plaque
squamiforme verte ou d'un bleu
violet.   OREOTROCHILUS
Aδ Bec peu arqué et peu dilaté, queue
presque tronquée, à rectrices larges
subarrondies, gorge et devant du
cou métallique non squamiforme.   FLORISUGA
Aε Rémige externe atténuée, queue
échancrée, à rectrices larges terminées en angle obtus, gorge et
poitrine écailleuses.   LAFRESNYA
Ab Bec droit, à base plus ou moins emplumée couvrant les narines; tête triangulaire; queue plus ou moins entaillée.
Aα Bec plus long que la tête et le corps.   DOCIMASTES
Aβ Bec moins long que le corps.
Ax Bec beaucoup plus long que la
tête.
A1 Taille très forte, plumage non
métallique, queue longue et
large.   PATAGONA
A2 Extrémité du bec courbée légèrement en haut; queue ample
et longue, ailes en grande
partie bleu métallique.   PTEROPHANES
A3 Sommet de la tête métallique
fort luisant, corps en partie;
queue et ailes rousses, une
gemme violette au cou du
mâle.   DIPHLOGÆNA
A4 Queue ample faiblement en-
taillée; plumage métallique,
une gemme jugulaire et prase
frontale brillants.   HELIANTHEA
A5 Queue longue, fourchue; plu-
mage métallique, tête ornée
d'une bande médiane fort bril-
lante.   CLYTOLÆMA

*A*6 Queue ample fort entaillée;
plumage brillant, une large
bande pectorale blanche ou
rousse, ou plumage général
sombre prenant sous certain
jour un éclat étincelant au
croupion.   Bourcieria

*A*7 Queue médiocre entaillée; plumage métallique, bande médiane du sommet de la tête et
gorge fort brillants; rémiges
secondaires en partie rousses.   Lampraster

*A*8 Queue longue profondément
fourchue; plumage métallique, celui du centre du sommet de la tête, gorge et
poitrine fort brillants.   Heliodoxa

*A*xx Bec presque aussi long que la
tête.

*A*1 Queue large médiocrement
entaillée; tarse emplumé;
plumage métallique fort étincelant sous certain jour, en
partie non métallique.   Panoplites

*A*2 Queue longue fourchue; plumage métallique, prase fron-
tale et gorge fort brillants.   Heliotrypha

*A*3 Bec légèrement fléchi; queue
large peu entaillée, à baguettes
roussâtres dans les rectrices;
dessous du corps fauve, une
gemme rouge fort brillante au
cou.   Phæolæma

Ac Bec droit, la tête subarrondie.
*A*α Bec moins long que la moitié du
corps.

*A*1 Pattes garnies d'une manchette
duveteuse, dessous du corps fort
étincelant.   Eriocnemis

*A*2 Pattes non pattues, plumage général terne, excepté le croupion
qui est largement fort étincelant,
une touffe de plumes blanches
ou fauves se détachant du corps
sur le milieu de l'abdōmen.   Aglæactis

*A*β Bec égalant les $^2/_3$ du corps, front
paré d'une plaque métallique fort
luisante.   Doryfera

Ad Bec légèrement arqué égal à la moitié
du corps, queue échancrée, gorge et cou
antérieur parés de plumes squamiformes
vertes étendues jusqu'au bord antérieur
des yeux, le reste du dessous ordinairement bleu. THALURANIA

Ae Bec droit plus long que la tête.

    Aα Gorge et cou antérieur parés d'une
plaque rouge ou violette très polie. HELIANGELUS

    Aβ Gorge et cou antérieur parés de
plumes squamiformes vertes. UROSTICTE

Af Bec droit égal ou un peu plus long que
la tête, fort comprimé à l'extrémité
même.

    Aα Queue échancrée métallique sur les
deux pages, changeant en bleu ou
lilas sur la supérieure. METALLURA

    Aβ Queue tronquée, à rectrices peu mé-
talliques terminées d'une tache blanchâtre, gorge blanchâtre parsemée
de points submétalliques. ADELOMYIA

    Aγ Queue tronquée médiocrement mé-
tallique, à rectrices terminées par
une bordure blanche, sommet de la
tête et gorge d'un bleu violet. KLAÏS

Ag Oiseaux ornés d'un rabat jugulaire métallique très splendide, plus ou moins
atténué, ordinairement bicolore.

    Aα Bec plus court que la tête, queue
échancrée, à rectrices larges, poitrine à plumes colorées. RHAMPHOMICRON

    Aβ Bec aussi long que la moitié du
corps, queue fort échancrée, à rectrices larges, blanches à la base,
poitrine blanche. OREONYMPHA

Ah Bec assez large, fort comprimé dans le
quart de sa longueur en une lame très
mince, une touffe bleue violette se détachant de chaque côté du cou.

    Aα Queue médiocre, arrondie. SCHISTES

    Aβ Queue longue, à rectrices externes
courtes. HELIOTHRIX

B Oiseaux ornés d'une huppe, d'une collerette, ou à
queue singulière, à narines couvertes de plumes
frontales, à base de l'arête du bec non visible.

Ba Une bande blanche ou roussâtre en travers du
dos inférieur.

BA Tête surmontée d'une huppe plus ou moins
haute et large, une collerette de plumes
allongées, queue normale arrondie.   LOPHORNIS

Bb Rectrices externes atténuées et prolongées,
tarse garni d'une manchette.   GOULDIA

BB Oiseaux sans bande au dos.

Ba Queue à rectrices externes prolongées, dénuées,
terminées par une palette.

Bα Rectrices externes réduites à la baguette
seule ou à peu près et terminées par une
palette plus ou moins dilatée, pattes à man-
chettes.   STEGANURA

Bβ Rectrices externes prolongées fort courbées, réduites à la baguette seule et terminées par une palette fort dilatée, les autres
rudimentaires ou nulles, les deux sous-
caudales postérieures fort prolongées et
linéaires.   LODDIGESIA

Bb Queue longue profondément fourchue divisée
en deux branches, à rectrices parallèles fort
étagées.

Bα Tête couverte au sommet d'une plaque
squamiforme fort luisante, rectrices bleues
ou vertes.   CYNANTHUS

Bβ Sommet de la tête non squamiforme.

B1 Rectrices rouges ou dorées.   SAPPHO

B2 Rectrices externes à barbe externe cendrée ou grise dans sa partie basale, assez
étroites et faiblement métalliques.   LESBIA

C Queue ordinairement irrégulière, gorge et devant
du cou parés d'une cravate formée de plumes
squamiformes rouges ou violettes fort splendides.

C' Rectrices médianes très courtes, submédianes
linéaires et prolongées.   THAUMASTURA

C'' Bec arqué plus long que la moitié du corps,
queue fort fourchue, à rectrices assez fines,
l'externe presque parallèle dans toute sa longueur.   RHODOPIS

C''' Rectrices médianes courtes, les autres allongées, égales, parallèles, arrondies à l'extrémité
et rigides.   MYRTIS

C'''' Bec droit, ordinairement plus court que la
moitié du corps, queue profondément fourchue,
à rectrices assez larges, l'externe aiguë au bout.   CALLIPHLOX

C''''' Bec droit ou presque droit, moins long que
la moitié du corps, quelques-unes des rectrices
linéaires très fines ou fort atténuées.

CA Queue très courte ne dépassant pas les tec-
    trices, à trois rectrices latérales de chaque
    côté fort atténuées, rigides et plus courtes
    que les suivantes.   Myrmia
CB Queue dépassant les tectrices.
    Ca Deux rectrices latérales fines en lame
        de poignard, troisième large, graduelle-
        ment atténuée vers l'extrémité, qui est
        aiguë, deuxième et troisième égales et
        les plus longues.   Acestrura
    Cb Rectrice externe très mince, les deux
        suivantes fines subparallèles, la troi-
        sième plus longue.   Chætocercus

Genre **GLAUCIS**

a Dessous roussâtre; queue roux cannelle tra-
    versée par une bande noire devant l'extrémité
    blanchâtre, rectrices médianes bronzées.   G. hirsutus
b Gorge noire; queue ocreuse, à rectrices mé-
    dianes d'un vert noirâtre.   G. cervinicauda

Genre **PHAETHORNIS**

a Rectrices médianes prolongées en un appendice
    atténué, aussi long environ que leur partie large
    et ordinairement blanc.
    a' Bec presque droit, dessous fauve pâle.   Ph. Bourcieri
    a" Bec courbé.
        aa Dessous cendré plus ou moins foncé,
            lustré en partie de vert, dos et base des
            rectrices vert bleuâtre.   Ph. Emiliæ
        ab Dessous fauve roussâtre.
            aα Gorge grise traversée d'une ligne mé-
                diane fauve, plumes du croupion fran-
                gées de roux.   Ph. superciliosus
            aβ Gorge blanche bordée des deux côtés
                d'une moustache grise, sous-caudales
                rousses.   Ph. syrmatophorus
        ac Dessous gris, plumes du croupion bordées
            de gris.   Ph. hispidus
b Rectrices médianes peu prolongées en un appen-
    dice atténué graduellement, à extrémité blanche
    ou rousse, queue du ♂ arrondie.
    a' Dessous roux.

2

    ba Rectrices médianes noirâtres devant l'ex-
        trémité.   Ph. GRISEIGULARIS
    bb Gorge grise striée de noirâtre.   Ph. STRIIGULARIS
  b″ Bande pectorale distincte chez le ♂, mandi-
    bule orangée en grande partie.   Ph. NIGRICINCTUS

Genre **APHANTOCHROA**

Dessus du corps vert.
a Dessous blanc tacheté de vert.   A. HYPOSTICTA
b Plaque gulaire squamiforme d'un rouge lilas. A. GULARIS

Genre **OREOTROCHILUS**

Plaque gulaire verte, squamiforme chez le ♂.
a Dessous du corps blanc avec une bande médiane noire.   O. LEUCOPLEURUS
b Dessous du corps blanc avec une large bande
  médiane brun châtain.   O. ESTELLÆ
c Dessous du corps noir velouté lustré de bleu. O. MELANOGASTER

Genre **DORYFERA**

a Dessous du corps noir chez le ♂, gris verdâtre
  chez la ♀, plaque frontale violette chez le ♂,
  vert bleuâtre chez la ♀.   D. JOHANNÆ
b Dessous du corps olive grisâtre, plaque frontale verte.   D. RECTIROSTRIS

Genre **JOLÆMA**

a Front sans éclat métallique, une tache violet
  améthyste squamiforme sur le devant du cou. J. SCHREIBERSI
b Plumes frontales fort étincelantes, poitrine verte. J. WHITELYANA

Genre **THALURANIA**

Gorge et devant du cou largement vert brillant.
a Dessous du corps bleu de Prusse, taille plus
  forte.   T. NIGROFASCIATA
b Dessous du corps bleu de Prusse, sommet de la
  tête cuivreux, taille plus faible.   T. JELSKII

Genre **LOPHORNIS**

a Gorge d'un vert métallique, huppe rousse ponctuée de noir.   L. Delattrii
b Gorge non métallique, huppe verte ponctuée de
blanc, dessous brun foncé, à lustre bronzé.   L. Verreauxi

Genre **GOULDIA**

a Huppée, à poitrine noire non métallique.   G. Popelairi
b Sans huppe, poitrine vert métallique bordée de
rouge.   G. Langsdorffi

Genre **MYRTIS**

a Gorge d'un vert métallique bordée de violet,
quatre rectrices latérales également larges dans
toute leur longueur.   M. Fanny
b Gorge d'un rouge violet métallique passant au
bleu, trois rectrices latérales atténuées et
pointues.   M. Yarrelli

Genre **STEGANURA**

Plumage du tarse roux.
a Rectrice externe courbée en dedans, à palette
subpentagonale à peine plus longue que large.   S. peruana
b Rectrice externe droite, à barbe non barbée jusqu'à la palette.
  b' Palette ovale allongé, dessous du corps vert. S. solstitialis
  b" Palette subpentagonale, dessous blanc tacheté
  de vert.   S. addæ
c Rectrice externe droite toute barbée, palette
oblongue subarrondie au bout.   S. cissiura

Genre **LESBIA**

a Rectrice externe noire lustrée très légèrement
de vert, à tache terminale verte, le gris blanchâtre de la barbe externe dépassant longue-
ment la rectrice submédiane.   L. gracilis
b Rectrice externe noire dans la moitié basale,
puis verte terminée par une tache brillante vert
olive tirant au rouge, le gris de la barbe externe
n'atteignant pas l'extrémité de la rectrice submédiane.   L. nuna

Genre **CYNANTHUS**

a Rectrice externe noir bleuâtre jusqu'à l'extrémité des subexternes, puis d'un vert très brillant, dessous d'un vert bronzé. — C. MOCOA

b Rectrice externe noir indigo, plus bleue après avoir dépassé la submédiane, extrémité (?), dessous gris cendré, à plumes bordées de blanchâtre. — C. GRISEIVENTRIS

Genre **SAPPHO**

a Gorge vert métallique, queue très brillante d'un rouge vineux ou cramoisi, à extrémité des rectrices noire. — S. PHAON

b Gorge rouge, rectrices sans noir terminal. — S. CAROLI

Genre **AGLÆACTIS**

Dessous roux.

a Touffe pectorale fauve.
 a' Tout le dessous roux. — A. CUPREIPENNIS
 a" Poitrine et abdomen d'un brun bronzé. — A. CAUMATONOTA
b Touffe pectorale blanche, croupion lilas pourpré. — A. CASTELNAUDI

Genre **RHAMPHOMICRON**

a Dessus du corps d'un bleu violâtre, rabat gulaire vert doré large et unicolore. — R. MICRORHYNCHUS

b Rabat gulaire étroit bicolore.
 b' Sommet de la tête concolore au dos.
  b² Couleur générale olive, rabat vert en haut et d'un violet rougeâtre en bas; queue olive bronzée. — R. OLIVACEUS
  b³ Couleur du dessus bleue, rabat vert en haut, violet en bas; queue bleue verdâtre. — R. STANLEYI
 b" Sommet de la tête roux marron rougeâtre, queue bronzée. — R. RUFICEPS

Genre **METALLURA**

a Rabat gulaire rouge, couleur générale bronzée, queue bronzée changeant au bleu. — M. EUPOGON

b Rabat gulaire vert.

  b' Plumage général noir avec un faible lustre
rougeâtre.
    b^a Queue rouge vineux changeant au bleu.   M. JELSKII
    b^b Queue cuivreuse.   M. OPACA
  b'' Vert en dessus.
    b^c Queue d'un pourpré bronzé, dessus du
corps vert.   M. TYRIANTHINA
    b^d Queue violet changeant au bleu, dessus
du corps vert.   M. SMARAGDINICOLLIS
    b^e Queue bronzée changeant en bleu.   M. ÆNEICAUDA

Genre ADELOMYIA

Dessous du corps isabelle sale à flancs verts.
a Gorge maculée de bleu.   A. INORNATA
b Gorge maculée de vert.   A. CHLOROSPILA
c Gorge maculée d'olive brunâtre.   A. MELANOGENYS

Genre PETASOPHORA

a Plumage général vert métallique.
  a' Touffe auriculaire rouge violâtre, sous-caudales blanches.   P. SERRIROSTRIS
  a'' Touffe auriculaire d'un bleu foncé.   P. ANAÏS
  a''' Touffe auriculaire d'un bleu violâtre.   P. CYANOTIS
b Plumage général non métallique, touffe auriculaire d'un bleu violet.   P. DELPHINÆ

Genre HELIANTHEA

Dessous du corps revêtu de plumes roussâtres
à la base.
a Queue roux pâle, à extrémité vert bronzé, prase
jugulaire violette, tectrices alaires d'un vert cuivreux.   H. OSCULANS
b Queue fauve roussâtre terminée de vert bronzé,
prase jugulaire bleu saphir passant au violet,
tectrices alaires d'un rouge cuivreux.   H. DICHROURA

Genre HELIOTRYPHA

a Gorge d'un violet très brillant.   H. VIOLA
b Gorge d'un rouge feu très brillant.   H. MICRASTER

Genre **DIPHLOGÆNA**

a Plaque céphalique d'un vert très brillant passant
au bleu, avec une tache saphirée sur le milieu
du cervix, dos cannelle.   D. Warszewiczi

b Plaque céphalique rouge feu très brillant passant au vert, avec une tache cervicale saphirée,
dos bronzé noirâtre.   D. iris

Genre **BOURCIERIA**

a Anneau collaire roux vif, interrompu au milieu
du dos.   B. inca

b Bande pectorale blanc pur très large, front vert
métallique très luisant.   B. insectivora

c Dessus cuivreux rougeâtre, dessous fuligineux,
à gorge et devant du cou blancs maculés de fu-
ligineux.   B. cœligena

Genre **FLORICOLA**

a Sommet de la tête et cou vert métallique, sous-
caudales brunes bordées de blanc.   F. longirostris

b Sommet de la tête et cou d'un vert métallique
pâle, sous-caudales blanc grisâtre.   F. albicrissa

Genre **ERIOCNEMIS**

a Touffe tarsale noire.   E. derbiana
b Touffe tarsale d'un brun pâle.   E. affinis
c Touffe tarsale blanche.

   c' Sous-caudales d'un saphir brillant, tout le
dessus vert cuivreux, queue noire bleuâtre.   E. sapphiropygia

   c" Sous-caudales vertes, à base fauve blanchâtre,
dessous vert bleuâtre, à plumes du milieu de
la poitrine blanches à la base, queue d'un vert
bronzé.   E. Dybowskii

Genre **LEUCIPPUS**

a Queue à rectrices externes blanches sur la barbe
interne, gorge blanc pur.

a' Vert doré du dessus du corps et des flancs
    brillant.   L. CHIONOGASTER
a" Vert doré du dessus du corps et des flancs
    peu brillant.   L. PALLIDUS
b Queue verte, à extrémité des rectrices gris pâle,
    gorge maculée.   L. CHLOROCERCUS
c Queue verte en entier, de petites macules d'un
    vert très brillant sur les côtés de la gorge et du
    cou.   L. VIRIDICAUDA

Genre **AGYRTRIA**

a La gorge et le haut de la poitrine vert bleuâtre,
    queue bleu d'acier.   A. BARTLETTI
b Gorge et poitrine vert métallique, front et nuque
    vert sombre, queue noire.   A. FLUVIATILIS

Genre **AMAZILIA**

Poitrine blanche, abdomen et flancs roux, queue
    marron pâle.
a Gorge d'un vert émeraude métallique.   A. PRISTINA
b Gorge d'un vert doré métallique.   A. LEUCOPHÆA

Genre **HYLOCHARIS**

a Menton roux, poitrine bleu saphiré pâle, tête
    verte.   H. SAPPHIRINA
b Menton blanchâtre, poitrine bleu violâtre, tête
    bleue.   H. CYANEA

Genre **CHLOROSTILBON**

Bec noir en entier.
a Queue courte subarrondie.   CH. PRASINUS
b Queue médiocrement longue, échancrée.   CH. MELANORHYNCHUS

Famille **CŒRÉBIDÆ**

A Bec droit.
    A' Bec plus long que la moitié de la tête.
        AA Comprimé beaucoup plus élevé que large.
           Aa Mâchoire terminée d'un crochet plus ou
               moins courbé; extrémité de la mandi-
               bule arquée.   DIGLOSSA
           Ab Crochet maxillaire peu courbé, mandi-
               bule droite.   DIGLOSSOPIS
        AB Bec non comprimé.
           Aa Conique, à extrémité aiguë.   CONIROSTRUM
           Ab Élargi à la base, à dos de la mâchoire légè-
               rement courbé à l'extrémité; deuxième ⎰ DACNIS
               rémige la plus longue.   ⎱ HEMIDACNIS
           Ac Bec un peu plus long que la tête, à dos
               arqué depuis les narines; troisième et
               quatrième rémiges les plus longues.   CHLOROPHANES
    A" Bec plus court que la moitié de la tête.   XENODACNIS
B Bec plus ou moins arqué.
    B' Coloration différente dans les deux sexes, cou-
       leur bleue prédominante dans les mâles.   CŒREBA
    B" Coloration semblable dans les deux sexes.   CERTHIOLA

Genre **DIGLOSSA**

a Plumage général noir.
    a' D'un noir intense luisant en entier.   D. ATERRIMA
    a" Moustaches blanches, bande pectorale rousse
       et blanche, sous-caudales rousses.   D. PECTORALIS.
    a''' Ardoisé foncé, à flancs de l'abdomen blancs. D. ALBILATERALIS
    a'''' Dessus noir, dessous roux, à flancs, scapu-
       laires et croupion cendrés.   D. BRUNNEIVENTRIS
  b Dessus cendré bleuâtre, dessous roux.   D. SITTOÏDES
  c Plumage général bleu, à front, côtés de la tête
     et menton noirs.   D. PERSONATA

Genre **CONIROSTRUM**

a Plumage général noir, sommet de la tête, épaules
   et croupion bleus.   C. ATROCYANEUM
b Dessous du corps roux.
    b' Dos bleu.

*b*ᵃ Toute la tête et le devant du cou noirs. C. sitticolor
*b*ᵇ Sommet de la tête noir, côtés de la tête et
    devant du cou schistacés. C. cyaneum
 b″ Dos schistacé, sommet de la tête noir, sour-
    cils roussâtres. C. ferrugineiventre
c Dessus cendré grisâtre, dessous isabelle gri-
    sâtre, sourcils et miroir alaire blancs. C. cinereum

Genre **DACNIS**

a Plumage général bleu.
  a′ Dos, gorge et lores noirs. D. cayana
  a″ Dos, front, côtés de la tête noirs, milieu du
    ventre et sous-caudales blancs. D. angelica
b Tête et dos noirs, à demi-anneau nucal jaune,
    dessous straminé verdâtre, ailes bleues. D. pulcherrima
c Corps jaune, à sommet de la tête olive ver-
    dâtre, gorge, milieu du dos, côtés de la tête,
    ailes et queue noirs. D. flaviventer
d Dessus cendré bleuâtre.
  d′ Dessous grisâtre pâle. D. plumbea
  d″ Dessous cendré bleuâtre, grosse raie posto-
    culaire blanche, sous-caudales rousses. D. analis

Genre **CŒREBA**

a Tout le corps bleu, à gorge et lores noirs.
  a′ Le noir de la gorge non prolongé sur la ré-
    gion jugulaire. C. cærulea
  a″ Le noir prolongé jusqu'au milieu de la poi-
    trine. C. nitida
b Bleu à dos et lores noirs, milieu de l'occiput bleu
    céladon. C. cyanea

Genre **CERTHIOLA**

a Noir en dessus, à sommet de la tête à peine
    plus foncé que le dos, croupion jaune. C. luteola
b Dos schistacé, à sommet de la tête noir.
  b′ Miroir alaire blanc plus ou moins développé.
    *b*ᵃ Bec plus court que la tête. C. peruviana
    *b*ᵇ Bec plus long que la tête. C. magnirostris
  b″ Miroir alaire nul. C. chloropyga

Famille **VIREONIDÆ**

A Bec faible sylviforme.
   A' Ailes aiguës, à deuxième rémige la plus longue.   Vireosylvia
   A" Ailes émoussées, à troisième et quatrième ré-
     miges les plus longues.   Hylophilus
B Bec robuste laniiforme.
   B' Bec presque aussi long depuis la commissure
     que la tête, peu élevé.   Vireolanius
   B" Bec court, élevé et fort comprimé.   Cyclorhis

Genre **VIREOSYLVIA**

a Sommet de la tête cendré.
   a' Sourcil blanc bordé en dessus de noir; flancs
     du corps grisâtres très peu lavés de verdâtre.   V. olivacea
   a" Sourcil blanchâtre sans bordure noire; côtés
     du cou et de tout le corps largement jaunes.   V. flavo-viridis
b Sommet de la tête brun, sourcil blanc, abdomen
   jaune.   V. Josephæ

Genre **HYLOPHILUS**

a Front roussâtre, dessous du corps gris lavé
   d'olive.   H. ferrugineifrons
b Sommet de la tête gris brunâtre, gorge et cou
   antérieur gris blanchâtre, le reste du dessous
   jaune sale.   H. flaviventris
c Olive verdâtre en dessus, jaune verdâtre en dessous.   H. olivaceus

Genre **CYCLORHIS**

a Sommet et côtés de la tête cendrés, à sourcils
   marron.   C. guianensis
b Sommet de la tête vert jaunâtre concolore au
   dos, sourcils marron foncé.   C. virenticeps
c Tout le sommet de la tête marron foncé.   C. Contrerasi

Famille **SYLVIDÆ**

A Bec faible, sylviforme; taille petite.   Polioptila
B Bec court, déprimé; taille médiocre.   Myiadestes

Genre **POLIOPTILA**

a Sommet de la tête noir.
   a' Lores blancs.   P. bilineata
   a'' Lores noirs.
     aa Noir basal des rectrices externes non
       couvert par les tectrices; taille plus forte.   P. nigriceps
     ab Noir basal des rectrices externes couvert
       par les tectrices; taille plus faible.   P. parvirostris

Genre **MYIADESTES**

a Roux olivâtre en dessus, le front et tout le dessous cendré.   M. ralloïdes
b Dos cannelle rougeâtre, dessous noir, grosse
bande faciale blanche.   M. leucotis

Famille **MOTACILLIDÆ**

Genre **ANTHUS**

a Rectrice externe toute blanche; ongle plus long
que le pouce.   A. correndera
b Rectrice externe blanc sale presque en entier;
ongle plus long que le pouce.   A. peruvianus
c Rectrice externe roussâtre dans sa moitié externe;
ongle un peu plus long que le pouce.   A. bogotensis
d Rectrice externe blanche en grande partie;
ongle égal au pouce.   A. furcatus

Famille **MNIOTILTIDÆ**

A Cils maxillaires petits.
    A' Du blanc ou du jaune à la queue.
        AA Première rémige plus courte que la deu-
           xième; coloration semblable dans les deux
           sexes.   Parula
        AB Première rémige égale à la deuxième et les
           plus longues; coloration différente dans les
           sexes.   Dendrœca
    A'' Queue unicolore.
        AA Bec large à la base, non comprimé dans sa
           moitié terminale.   Myiodioctes
        AB Bec peu large à la base, comprimé dans sa
           moitié terminale.   Geothlypis
B Cils maxillaires fort développés.
    B' Queue unicolore.   Basileuterus
    B'' Queue à rectrices externes blanches en grande
        partie.   Setophaga

Genre **DENDRŒCA**

a Barbe interne des rectrices blanche en grande
    partie.
    a' Dessus du corps noir, dessous jaune varié
        de noir sur les côtés.   D. Blackburniæ
    a'' Bleuâtre en dessus, blanche en dessous.   D. cærulea
b Barbe interne des rectrices jaune, dessous jaune
    tacheté de roux.
    b' Sommet de la tête roux.   D. aureola
    b'' Sommet de la tête concolore au dos.   D. æstiva

Genre **GEOTHLYPIS**

a Sommet de la tête cendré, front et lores noirs.
    a' Le cendré occupant la région postoculaire,
        le noir couvrant presque en entier les tec-
        trices auriculaires.   G. velata
    a'' Toute la région postoculaire et auriculaire
        verte, le noir fin au front et ne dépassant
        pas le bord postérieur de l'œil.   G. auricularis
    a''' Région postoculaire et auriculaire verte, le
        noir dépassant largement, mais très peu le
        bord postérieur de l'œil.   G. æquinoctialis, pe-
                                             ruviana

Genre **BASILEUTERUS**

a Queue bicolore, olive sombre en dessus, ocreux
   en dessous.   B. UROPYGIALIS
b Queue unicolore.
   b' Olive brunâtre en dessus, blanc et cendré en
      dessous, milieu du sommet de la tête d'un
      roux vif bordé des deux côtés d'une ligne
      noire.   B. CASTANEICEPS
   b'' Olive verdâtre en dessus, jaune en dessous.
     *b*ᵃ Milieu du sommet de la tête roux bordé
       des deux côtés d'une ligne blanche, gorge
       et côtés de la tête cendrés.   B. CORONATUS
     *b*ᵇ Milieu du sommet de la tête roussâtre
       bordé des deux côtés d'une large raie olive
       noirâtre, gorge jaune, sourcils jaunâtres
       longs.   B. BIVITTATUS
     *b*ᶜ Milieu du sommet de la tête gris bordé
       des deux côtés d'une large raie noirâtre,
       sourcils gris pâle, gorge blanchâtre. B. TRIFASCIATUS
     *b*ᵈ Sommet de la tête noir, traversé de trois
       raies gris blanchâtre, gorge blanchâtre. B. TRISTRIATUS
     *b*ᵉ Sommet de la tête concolore au dos, à
       sourcils jaunes assez larges.   B. LUTEOVIRIDIS
     *b*ᶠ Milieu du sommet de la tête noir. B. NIGRICRISTATUS

Genre **SETOPHAGA**

a Ardoisé en dessus, jaune en dessous.
   a' Gorge jaune.
     *a*ᵃ Sommet de la tête tout noir.   S. MELANOCEPHALA
     *a*ᵇ Sommet de la tête noir avec une grosse
       tache occipitale fauve roussâtre.   S. BAIRDI
   a'' Gorge noire, une grande tache occipitale
     marron rougeâtre.   S. VERTICALIS
b Noir en dessus; queue roux orangé à la base. S. RUTICILLA

Famille **TURDIDÆ**

A Queue plus courte que l'aile.
   A' Coloration semblable dans les deux sexes.
      AA Tarse long et grêle, d'une couleur claire.   Catharus
      AB Tarse plus ou moins épais, à couleur foncée. Turdus
   A" Coloration plus ou moins différente dans les
      sexes, les mâles noirs ou noirâtres.   Merula
B Queue plus longue que l'aile, fort arrondie; corps
   svelte.   Mimus

Genre **CATHARUS**

  a Dessous du corps blanc au milieu, immaculé.   C. fuscater
  b Dessous du corps roussâtre maculé de noirâtre.   C. dryas

Genre **TURDUS**

  a Maculé en dessous.
    a' De noirâtre jusqu'à la région anale.   T. marañonicus
    a" De brun foncé jusqu'au haut de l'abdomen;
      tour de l'œil roussâtre.   T. Swainsoni
    a''' De brun foncé jusqu'au haut de l'abdomen;
      rien de roussâtre autour de l'œil.   T. Aliciæ
  b Dessous du corps immaculé, excepté la gorge
   striée de noir ou de brun sur un fond blanc.
    b' Dessus du corps cendré bleuâtre, dessous
      blanc, à flancs et sous-alaires ocreux.   T. Reevii
    b" Dessus du corps brun roussâtre, dessous
      cendré pâle, sous-alaires grises.   T. saturatus
    b''' Dessus gris terreux foncé, dessous plus pâle,
      à milieu du ventre blanc, sous-alaires grises;
      stries gulaires fines.   T. ignobilis
    b'''' Dessus brun tirant légèrement au cannelle,
      dessous gris soyeux, à milieu du ventre blanc;
      stries gulaires très grosses, sous-alaires gris
      roussâtre.   T. crotopezus
    b''''' Dessus brun marron, dessous brun, à milieu
      du ventre blanchâtre, sous-alaires roux orangé
      vif.   T. Hauxwelli
    b'''''' Schistacé très foncé, à tête noire, dessous
      moins foncé, à milieu du ventre blanc, stries
      gulaires grosses, sous-alaires ardoisées.   T. nigriceps

Genre **MERULA**

a Plumage général noir.
   a' Queue fort arrondie à l'extrémité.   M. serrana
   a" Queue coupée carrément à l'extrémité.   M. leucops
b Plumage général fuligineux.
   b' Gorge immaculée.   M. gigantodes
   b" Gorge striée de foncé.   M. chiguanco

Famille **TROGLODYTIDÆ**

A Queue distinctement plus longue que l'aile, non
rayée en travers.   Donacobius
B Différence entre la longueur de la queue et de l'aile
petite ou nulle.
   B' Queue à peu près égale à l'aile.
     BA Bec faible, aussi long ou plus long depuis
       la commissure que la tête; plumage fort
       tacheté et rayé.   Campylorhynchus
   B" Queue un peu plus longue ou un peu plus
     courte que l'aile; bec plus court que la tête;
     plumage du corps non rayé ni tacheté, des
     lignes transversales sur les rémiges et la queue.   Cinnicerthia
   B''' Queue un peu plus courte que l'aile.
     BA Bec à échancrure subterminale.
       Ba Narines ovalaires, ouvertes, situées près
         du bord antérieur de la fosse nasale.   Thryophilus
       Bb Narines longues et étroites, couvertes
         en dessus d'une membrane.   Thyothorus
     BB Bec sans échancrure subterminale.
       Ba Bec depuis la commissure égal ou plus
         long que la tête; dos unicolore ou rayé
         en travers de foncé d'une manière peu
         distincte.   Troglodytes
       Bb Bec moins long que la tête, une grosse
         tache noire striée de blanchâtre au dos.   Cistothorus
C Queue beaucoup plus courte que l'aile.
   C' Bec beaucoup plus court que le tarse.
     CA Bec faible, peu élevé à la base, à narines
       situées dans la partie antérieure de la fosse
       nasale.   Henicorhina
     CB Bec fort, élevé à la base et fort comprimé

entre les narines; ces dernières ouvertes
dans le milieu de la fosse nasale.   CYPHORHINUS
C" Bec un peu plus court que le tarse, à peu près
aussi haut que large vis-à-vis les narines; les
narines ouvertes au milieu de la fosse nasale
sont couvertes en dessus par une membrane
en les atténuant sur le devant.   MICROCERCULUS

Genre **CAMPYLORHYNCHUS**

a Bande sourcilière large, dessous blanchâtre varié
de brun.
    a' Taches de la poitrine subarrondies et isolées.   C. BALTEATUS
    a" Taches de la poitrine transversales, réunies
    en bandes continues.   C. FASCIATUS
b Bande sourcilière fine, dessous du corps fauve
varié de brun.   C. HYPOSTICTUS

Genre **CYPHORHINUS**

a Tout le sommet de la tête schistacé olivâtre,
devant et côtés du cou largement et la poitrine
roux.   C. THORACICUS
b Sommet de la tête roux.
    b' Taille plus petite.   C. MODULATOR
    b" Taille plus forte, couleur du dessus un peu
    plus roussâtre.   C. SALVINI

Genre **MICROCERCULUS**

a Dessous du corps blanc pur.   M. BICOLOR
b Dessous du corps blanc squamulé de brun.   M. MARGINATUS

Genre **HENICORHINA**

a Poitrine et devant de l'abdomen cendré passant
un peu au blanchâtre sur le milieu même de ce
dernier.   H. LEUCOPHRYS
b Gorge, devant du cou, poitrine et milieu de l'abdomen blancs.   H. LEUCOSTICTA

Genre **THRYOPHILUS**

a Roux en dessus, à sourcils et le dessous du
corps blancs soyeux, région anale ocreux roussâtre.   TH. SUPERCILIARIS

b Brun roussâtre en dessus; sourcils, gorge et
haut de la poitrine blancs, abdomen roux.   Th. LEUCOTIS

c Brun roussâtre en dessus; sourcils fauve grisâtre, dessous brun terreux pâle.   Th. FULVUS

Genre **THRYOTHORUS**

a Dessous du corps maculé.
   a' Des raies noirâtres irrégulières sur un fond
     blanc sur tout le dessous du corps.   Th. SCLATERI

b Dessous du corps immaculé, région auriculaire
noire.
   b' Région auriculaire striée de blanc.
     b Poitrine et milieu de l'abdomen cendrés,
       queue rayée de noir et de gris ou rous-
       sâtre.   Th. GRISEIPECTUS
     b Gorge, milieu de la poitrine et plus large-
       ment le milieu de l'abdomen blancs, queue
       rayée de gris et de noir.   Th. ALBIVENTRIS
   b" Région auriculaire sans stries, poitrine et
     abdomen gris au milieu, queue rayée de roux
     et de noir.   Th. CANTATOR

Genre **TROGLODYTES**

a Sourcil large et nettement prononcé roussâtre
pâle.   T. SOLSTITIALIS

b Sourcil nul ou à peine indiqué.
   b' Brun grisâtre en dessus, à dos rayé de noi-
     râtre d'une manière plus ou moins prononcée,
     gorge isabelle.   T. TESSELLATUS
   b" Brun en dessus, rayé au dos de noirâtre,
     gorge blanche.   T. RUFULUS
   b''' Brun terreux en dessus sans raies foncées,
     tout le dessous fauve.   T. AUDAX

Famille **PTEROPTOCHIDÆ**

Genre **SCYTALOPUS**

a D'un schistacé noirâtre unicolore.   S. MAGELLANICUS

b Région anale et flancs du bas-ventre roux rayé
de noir, la tête et tout le dessous schistacé
soyeux, croupion roussâtre rayé de noir.   S. ACUTIROSTRIS

c Semblable au précédent, d'une taille plus forte,
derrière même du croupion légèrement roussâtre avec quelques raies noirâtres.   S. FEMORALIS

d Milieu du ventre blanc, derrière du croupion
peu roux rayé de noirâtre.   S. SYLVESTRIS

Famille **FORMICARIIDÆ**

Tribu **THAMNOPHILINÆ**

A Bec épais, non comprimé, plus large que haut
à la base.   CYMBILANIUS

B Bec comprimé.

   B' Région postoculaire largement dénuée.   MYRMELASTES

   B'' Toute la tête emplumée ou peu dénuée derrière l'œil.

     BA Cils mandibulaires peu développés.

       Ba Bec élevé à la base, narines ovalaires.   THAMNOPHILUS

       Bb Bec non élevé à la base, narines presque
rondes.   THAMNISTES

       Bc Bec plus ou moins plus faible, que chez
le *Thamnophilus*.   DYSITHAMNUS

       Bd Bec élargi à la base, narines rondes plus
voisines du sommet, ongles courts.   PYGOPTILA

     BB Cils mandibulaires fort développés, bec
élargi à la base; narines rondes.   THAMNOMANES

Tribu **FORMICIVORINÆ**

A Bec mince, plus long que la tête.   Rhamphocænus

B Bec plus court ou aussi long que la tête.

   B' Tecture du devant du tarse divisée en scutelles.

      BA Queue courte, taille petite.   Myrmotherula

      BB Queue presque aussi longue ou plus longue que l'aile.

        Ba Queue fort étagée.

          $B\alpha$ Bec graduellement atténué sans être comprimé.

            B1 Queue à douze rectrices.   Herpsilochmus

            B2 Queue à dix rectrices.   Cercomacra

          $B\beta$ Bec comprimé dans sa moitié terminale.

            B1 Queue en partie blanche, taille faible.   Formicivora

            B2 Queue sans blanc, taille médiocre, mâle tout noir.   Pyriglena

        Bb Queue médiocrement étagée.

          $B\alpha$ Bec fort, faiblement comprimé dans sa partie terminale, taille médiocre.   Percnostola

          $B\beta$ Bec faible, comprimé dans sa moitié terminale, taille petite.   Terenura

   B'' Tecture du tarse glabre non divisée en scutelles, ou à scutelles à peine distinctes.

      BA Rémiges quatrième, cinquième et sixième égales et les plus longues.

        Ba Bec grêle, queue étagée.   Myrmeciza

        Bb Bec large à la base et peu comprimé, plus court que la tête, queue coupée carrément ou arrondie.   Hypocnemis

      BB Rémiges quatrième et cinquième les plus longues, bec un peu plus long que la tête.   Heterocnemis

Tribu **FORMICARIINÆ**

A Tour de l'œil dénué; plumules nasales érigées.   Phlogopsis

B Tête tout emplumée.

   B' Tarse très élevé, queue courte, quatrième et cinquième rémiges les plus longues.

      BA Narines rondes, bec comprimé à l'extrémité.   Grallaria

      BB Narines oblongues, bec non comprimé à l'extrémité.   Chamæza

   B'' Tarse médiocre, queue assez courte.

BA Quatrième et cinquième rémiges les plus
longues, scutelles du devant du tarse fort
prononcées. FORMICARIUS

BB Quatrième rémige la plus longue, devant du
tarse glabre ou à scutelles peu distinctes. PITHYS

TRIBU **CONOPOPHAGINÆ**

A Bec court, assez large, non comprimé; narines
rondes; rémiges quatrième, cinquième et sixième
les plus longues. CONOPOPHAGA

B Bec assez fin, presque aussi long que la tête; narines ovoïdes; quatrième rémige la plus longue. CORYTHOPIS

GENRE **THAMNOPHILUS**

a Noir, à ailes brunâtres, partout finement ondulé
de blanc. TH. UNDULATUS

b Noir unicolore en dessus, blanc pur en dessous.
   b' Queue noire sans taches blanches, sous-caudales blanches. TH. MELANURUS
   b" Queue noire, à rectrices externes maculées
   de blanc le long du bord externe, sous-caudales noires bordées à l'extrémité de blanc. TH. TRANSANDEANUS

c Noir intense en entier.
   c' Une grande tache humérale blanche. TH. LEUCONOTUS
   c" Toutes les tectrices alaires bordées à l'extrémité de blanc, rectrices excepté les quatre
   médianes terminées d'une tache blanche,
   l'externe a aussi une tache blanche dans les
   deux tiers de la barbe externe. TH. SUBANDINUS
   c''' Plus fort que le précédent, à bordures blanches plus grosses aux tectrices alaires, couvrant le noir sur le devant de l'aile, point de
   tache blanche sur la barbe externe de la
   rectrice externe. TH. SUBANDINUS MAJOR
   c"" Le pli de l'aile et les bordures des tectrices
   alaires blancs, le ventre ondulé de cendré
   clair. TH. MELANCHROUS

d Plumage général du corps cendré.
   d' Sommet de la tête noir, des bordures blanches aux tectrices alaires et une tache terminale blanche aux rectrices.
      d² Des taches noires au milieu du dos, tout
      le dessous cendré. TH. NÆVIUS

*d*ᵇ Des taches noires au milieu du dos, milieu
   de l'abdomen largement blanc.   Tʜ. ALBIVENTRIS

*d*ᶜ Des taches noires au milieu du dos, sous-
   caudales noires bordées de blanc.   Tʜ. AMAZONICUS

d" Sommet de la tête noir, tectrices alaires sans
   bordures blanches, queue schistacée noirâtre.   Tʜ. CAPITALIS

d''' Sommet de la tête cendré, des bordures blanches très fines aux grandes et moyennes tectrices alaires et à l'extrémité des rectrices. Tʜ. MURINUS.

c Capuchon noir couvrant toute la tête, la gorge
   et le devant du cou, bordé tout autour de blanc.

   e' Dos brun légèrement olivâtre, le noir du ca-
      puchon ne dépassant pas la poitrine.   Tʜ. ALBINUCHALIS

   e" Dos gris fuligineux foncé, le noir du capu-
      chon prolongé largement sur le haut de l'ab-
      domen.   Tʜ. LORETOYACENSIS

   e''' Dos roux brunâtre pâle, le noir du capuchon
      prolongé sur le milieu de la poitrine en une
      ligne peu large.   Tʜ. LEUCAUCHEN

f Tête et cou noirs, dos et queue d'un roux cannelle vif; dessous du corps noir rayé en travers
   de blanc.   Tʜ. PALLIATUS

g Dos cendré, sommet de la tête et ailes roux à
   l'extérieur, dessous blanchâtre, à poitrine rayée
   en travers de noirâtre.   Tʜ. SUBFASCIATUS

h Tout le plumage noir rayé en travers de blanc.

   h' Plumes de la huppe longuement blanches à
      la base.   Tʜ. DOLIATUS

   h" Plumes du sommet de la tête maculées de
      petites taches blanches, couleur noire pré-
      dominante sur la gorge.   Tʜ. TENUIFASCIÁTUS

   h''' Plumes de la huppe noires en entier.

      *h*ᵃ Le blanc prédominant sur la gorge, raies
         noires moins larges que les blanches sur
         l'abdomen.   Tʜ. RADIATUS

      *h*ᵇ Le noir prédominant sur la gorge, raies
         blanches beaucoup plus fines que les noires
         sur l'abdomen.   Tʜ. BERLEPSCHI

Genre **MYRMELASTES**

a Plumage général noir, avec une tache blanche
   sur le devant de l'aile voisine de l'avant-bras. M. NIGERRIMUS

b Plumage général plombé, plus foncé en dessus
   qu'en dessous, petite tache blanche à l'extrémité de toutes les tectrices alaires.   M. PLUMBEUS

Genre **PYGOPHILA**

a Sommet de la tête noir, tectrices alaires terminées par une petite tache blanche subtriangu-
laire.   P. MACULIPENNIS
b Sommet de la tête concolore au dos, tectrices
alaires terminées par une grosse goutte blanche. P. MARGARITATA

Genre **DYSITHAMNUS**

a Plumage général ardoisé.
   a' D'un cendré beaucoup plus clair en dessous,
   blanchâtre au milieu du ventre, plumes du
   milieu du sommet de la tête noires bordées
   de cendré.   D. SCHISTACEUS
   a" Plumage de tout le corps d'un schistacé très
   foncé, tectrices alaires terminées par une
   tache blanchâtre très petite.   D. ARDESIACUS
b Devant de l'oiseau ardoisé, derrière du corps
olive.
   b' Gorge largement blanchâtre, le cendré du
   dessous dépassant peu la poitrine, tectrices
   alaires bordées ou terminées d'une petite
   tache blanche.   D. SEMICINEREUS
   b" Gorge cendrée comme la poitrine, le cendré
   du dessous prolongé sur l'abdomen, les
   grandes et les moyennes tectrices alaires
   bordées très finement de blanc, les petites
   sans tache terminale.   D. TAMBILLANUS

Genre **HERPSILOCHMUS**

a Une large bande sourcilière blanche.
   a' Sommet de la tête noir unicolore, barbe
   externe des rémiges rousse, dessous du corps
   d'un jaune très pâle.   H. RUFIMARGINATUS
   a" Sommet de la tête noir tacheté au milieu de
   blanc, barbe externe des rémiges grise, des-
   sous du corps blanc.   H. MOTACILLOÏDES
b Sourcils composés de taches blanches isolées,
sommet de la tête noir parsemé de macules
blanches, bord externe des rémiges olive clair,
dessous du corps jaune soufre.   H. AXILLARIS

Genre **MYRMOTHERULA**

a Dessus du corps noir strié de blanc.
  a' Dessous du corps jaune sulfureux, à gorge
    blanche.   M. PYGMÆA
  a'' Dessous du corps blanc strié de noir sur la
    poitrine.
    a^a Plumes dorsales blanches à la base.   M. SURINAMENSIS
    a^b Plumes dorsales sans rien de blanc à la
    base.   M. MULTOSTRIATA
b Flancs de l'abdomen d'un blanc éclatant.
  b' Parties supérieures du corps d'un cendré
    plombé.   M. AXILLARIS
  b'' Parties supérieures du corps d'un noir intense. M. MELÆNA
c Gorge, cou antérieur et milieu de la poitrine
  noirs, dos ardoisé foncé, tectrices alaires terminées d'une bordure blanche.   M. MENETRIESII
d Gorge noire tachetée de blanc.
  d' Dos d'un roux rougeâtre plus ou moins in-
    tense.   M. HÆMATONOTA
  d'' Dos brun terreux.   M. GULARIS
e Gorge noire, plumage général cendré plombé,
  tectrices alaires noires terminées d'une tache
  blanche.   M. ATROGULARIS
f Gorge cendrée, plumage général cendré plombé.
  f' Tectrices alaires noires, les grandes et les
    moyennes terminées par une bordure blanche
    formant deux lignes continues en travers de
    l'aile, les rémiges tertiaires et les secondaires
    terminées par une tache blanche, sous-
    alaires cendrées.   M. HAUXWELLI
  f'' Tectrices alaires noires dans leur partie ter-
    minale, bordées de blanc, rémiges sans tache
    terminale blanche, sous-alaires blanches.   M. CINEREIVENTRIS

Genre **FORMICIVORA**

a Dos brun roussâtre, dessous du corps et côtés
  de la tête noirs; cette dernière couleur bordée
  d'une raie blanche depuis la naissance du bec
  jusqu'à la queue.   F. RUFATRA
b Plumage du corps noir.
  b' Plumes du dos longuement blanches à la base. F. BICOLOR
  b'' Plumes du dos longuement blanches à la base,
    celles du dos inférieur et du croupion toutes
    blanches.   F. QUIXENSIS

Genre **CERCOMACRA**

a Queue unicolore.   C. tyrannina
b Rectrices terminées par une grosse tache blanche.   C. cinerascens

Genre **PYRIGLENA**

a Plumage général noir uniforme.   P. picea
b Plumage général noir tirant au schistacé en des-
    sous, tectrices bordées d'une ligne blanche assez
    fine.   P. serva

Genre **PERCNOSTOLA**

a Plumage général ardoisé, plus clair en dessous,
    sommet de la tête et gorge noirs, tectrices alaires
    noires, à bordure terminale blanche fine.   P. funebris
b Plumage général ardoisé foncé, le sommet de
    la tête, la gorge, le devant du cou et le haut de
    la poitrine noirs, pli de l'aile blanc.   P. fortis

Genre **MYRMECIZA**

a Dos roux brunâtre, tête schistacée, dessous
    jusqu'à la poitrine noir, ventre blanc.   M. hemimelæna
b D'un fuligineux foncé, à milieu du dessous noir.   M. maynana

Genre **HYPOCNEMIS**

a Sommet de la tête et devant du dos variés de
    blanc sur un fond noir.
    a' Dessous blanc, flancs roux, poitrine variée
      de noir.   H. cantator, peru-
    a'' Dessous jaune pâle.   vianus
      a^a Dos gris olive jusqu'aux sus-caudales,
        varié sur le devant de noir et de blanchâtre,
        flancs du ventre d'un roux pâle, queue
        olive brunâtre.   H. subflava
      a^b Dos gris olivâtre passant au roux brunâtre
        sur le dos inférieur et le croupion, varié
        sur le devant de noir et de blanc, flancs
        roux intense, queue brun roussâtre.   H. flavescens
b Tête sans taches ni sourcils, dos tacheté.

b' Plumage général cendré ardoisé, dos varié
de grosses taches noires, avec une bordure
blanche squamiforme, tectrices alaires noires
également squamulées.   H. LEPIDONOTA

b" Dos noir maculé de fauve, dessous blanc, à
gorge noire et une large bande pectorale
composée de grosses macules noires.   H. THERESÆ

b''' Milieu du dos noir parsemé de gouttelettes
blanches, bande pectorale comme chez le
précédent, gorge blanche bordée d'une grosse
moustache noire atteignant les tectrices auri-
culaires.   H. NÆVIA

c Couleur générale ardoisée.

  c' Front d'un cendré très clair, gorge et côtés
de la tête noirs.

    c^a Dessous du corps très clair, le cendré
frontal prolongé en un sourcil très long,
tectrices alaires noires squamulées de blanc.   H. MYIOTHERINA

    c^b Dessous du corps presque aussi foncé que
le dos, le noir des joues n'atteignant pas
le bord supérieur de l'œil, bande sourcilière très large.   H. LEUCOPHRYS

    c^c Milieu de la poitrine et de l'abdomen d'un
cendré très clair, le noir dépassant le bord
supérieur de l'œil.   H. LUGUBRIS

  c" La tête et tout le cou noirs, tectrices alaires
finement squamulées de blanc.   H. MELANURA

  c''' Milieu même de la gorge couvert de plumes
noires bordées de schistacé.   H. MELANOPOGON

  c"" Gorge sans noir, un point blanc sur l'extrémité des tectrices alaires.   H. SCHISTACEA

d Tout le dessus du corps, le haut des côtés de la
tête, les ailes et la queue noir intense, dessous
blanc soyeux, taches blanches subtriangulaires
sur les tectrices alaires.   H. HEMILEUCA

GENRE **PITHYS**

a Huppe bifide et barbe blanches, dessus du corps
schistacé, dessous et queue roux; point de ligne
blanche derrière l'œil.   P. PERUVIANUS

b Tout le dessus, les ailes et la queue d'un roux
brunâtre; gorge, cou antérieur, milieu de la poitrine blancs, bordés largement de noir.   P. LEUCASPIS

c Brun terreux à plumes du dos, les tectrices
alaires, les rémiges secondaires et tertiaires
ornées d'une tache antéapicale noire bordée en
arrière d'une lunule ocreuse.   P. LUNULATA

Genre **FORMICARIUS**

a Front noir, nuque rousse, gorge et côtés de la
  tête noirs.   F. NIGRIFRONS
b Tout le sommet de la tête brun olivâtre, gorge
  et devant du cou noirs, sous-caudales rousses.   F. ANALIS

Genre **PHLOGOPSIS**

a Dos et tectrices alaires à gouttes noires bordées
  de plus clair que le fond.   PH. NIGROMACULATA
b Dos et petites tectrices squamulées de blanc.   PH. ERYTHROPTERA

Genre **CHAMÆZA**

a D'un olive roussâtre en dessus, le plus roussâtre sur la nuque et au croupion, tout le dessous blanc squamulé de noir.   C. NOBILIS
b Olive foncé en dessus, la gorge, le cou antérieur
  et la poitrine d'un ocreux vif, le reste du dessous blanc roussâtre squamulé de noir.   C. OLIVACEA

Genre **GRALLARIA**

a Toutes les parties supérieures du corps striées
  de blanchâtre, tout le dessous squamulé de noir. G. ANDICOLA
b Tout le dessus du corps distinctement squamulé.
  b' Sommet de la tête ardoisé, dos brun olivâtre,
    le tout squamulé de noir; gorge brun foncé
    strié de roussâtre, dessous roux.   G. REGULUS
  b" Tout le dessus ardoisé foncé, squamulé de
    plus foncé; gorge blanchâtre bordée des deux
    côtés d'une moustache brune, dessous rous-
    sâtre squamulé de noirâtre.   G. SQUAMIGERA
c Dessus sans taches.
  c' Dessus brun roussâtre, à sommet de la tête
    brun foncé, flancs roux immaculés.   G. PRZEWALSKII
  c" Dessus roux foncé, à sommet de la tête plus
    roux, la poitrine et les flancs de l'abdomen
    ferrugineux, à plumes bordées de blanc.   G. ERYTHROLEUCA
  c''' Roux brunâtre pâle en dessus, plus pâle en
    dessous; taille petite.   G. RUFULA

c"""" Dessus olive grisâtre, à sommet de la tête
roux brunâtre, lores et tour des yeux blanc
isabelle, flancs variés largement de lignes
noires et d'olivâtre. G. ALBILORIS

c""""" Dessus olive roussâtre, dessous blanc varié
fortement d'olive sur la poitrine et de cendré
sur les flancs de l'abdomen. G. MINOR

Genre **CONOPOPHAGA**

Fascicules postoculaires blanc soyeux.

a Sommet de la tête roux.

   a' Dos brun olive, tout le dessous schistacé
foncé. C. CASTANEICEPS

   a" Sommet de la tête et dos brun roussâtre,
dessous cendré, à milieu du ventre blanc. C. TORRIDA

   a'" Sommet de la tête brun roussâtre foncé,
dessous gris cendré, à milieu de l'abdomen
blanc, tectrices alaires terminées par une
goutte fauve entourée d'une bordure noire. C. PERUVIANA

Famille **DENDROCOLAPTIDÆ**

A Queue normale, à rectrices non raides.

  A' Bec plus ou moins courbé.

    AA Queue dépassant peu le bout de l'aile, coupée
carrément ou échancrée; ailes longues, à
deuxième rémige la plus longue; bec parfois
droit. GEOSITTA

    AB Queue médiocre dépassant les ailes jusque
près de la moitié de sa longueur, à première
rectrice plus courte que les autres qui sont
égales; ailes médiocres, à troisième rémige
la plus longue; tarse élevé; couleur rousse. FURNARIUS

    AC Queue fort arrondie, dépassant les ailes dans
sa plus grande moitié; ailes courtes, à troisième rémige la plus longue; bec grêle arqué
dans toute sa longueur. UPUCERTHIA

  A" Bec très peu arqué.

    AA Queue courte, large, fort arrondie.

      Aa Quatrième rémige la plus longue. LOCHMIAS

      Ab Troisième rémige la plus longue, qua-
trième et cinquième presque égales. SCLERURUS

AB Queue médiocre fort arrondie, à deux ou trois rectrices latérales terminées de blanc ou de gris; deuxième et troisième rémiges égales et les plus longues.   Cinclodes

A''' Bec droit comprimé.

AA Mâchoire terminée en crochet fort courbé.   Ancisthrops

AB Mâchoire courbée légèrement au bout.

Aa Bec élargi à la base, à dos assez large et arrondi dans sa partie basale, à crochet terminal assez courbé; queue fort étagée.   Thripadectes

Ab Bec à dos comprimé entre les narines, à crochet terminal à peine distinct.

Aα Queue étagée jusqu'à la troisième rectrice latérale inclusivement.   Automolus

Aβ Première rectrice plus courte, les autres presque égales.   Philydor

Aγ Mandibule à barbe courbée en commençant à l'enfourchure.   Anabazenops

Ac Dos de la mâchoire droit jusqu'au bout, mandibule courbée en haut dans sa moitié terminale; queue assez courte, à rectrices latérales moins longues que les autres; du noir sur la barbe interne des rectrices intermédiaires.   Xenops

AC Bec faible, peu comprimé, pointu.

Aa Queue fort étagée.

Aα Queue longue à rectrices plus ou moins aiguës au bout.

A1 Ailes courtes, à quatrième ou cinquième rémige la plus longue.   Synallaxis

A2 Ailes longues et aiguës, à troisième rémige la plus longue.   Leptasthenura

Aβ Queue longue, à rectrices larges et arrondies au bout.   Placellodomus

Aγ Queue médiocre, à rectrices aiguës, couverte par les ailes jusqu'à la moitié.   Phlœocryptes

Aδ Queue médiocre; une touffe de plumes soyeuses au-dessous des oreilles se détachant du corps.   Pseudocolaptes

B Queue à rectrices raides, la baguette forte, dépassant les barbes en formant une pointe aiguë.

B' Taille petite.

BA Bec fin terminé en pointe courbée légèrement en bas.

Ba Bec médiocre; plumage non tacheté.   Sittasomus

Bb Bec court; plumage tacheté en dessous.   Margarornis

BB Bec à extrémité arrondie, aplatie, redressée
   un peu en haut.   Glyphorhynchus
B'' Taille médiocre ou forte.
  BA Bec à peu près aussi long que la tête.
    Ba Bec droit.
      Bα Bec subtriangulaire atténué graduelle-
        ment vers l'extrémité, non comprimé
        entre les narines, à dos faiblement
        arqué depuis la moitié de la longueur;
        plumage non maculé.   Dendrocincla
      Bβ Bec large, graduellement atténué
        vers l'extrémité, non comprimé entre
        les narines, à dos faiblement arqué
        depuis la naissance et arrondi; poi-
        trine et cou maculés.   Dendroxetastes
      Bγ Bec fort comprimé dans sa plus
        grande moitié terminale et fort com-
        primé entre les narines, à dos légè-
        rement arqué dans le tiers terminal;
        la tête, le cou et le dessous maculés. Dendrornis
    Bb Bec légèrement arqué.
      Bα Bec large à la base, élevé, comprimé
        en commençant en avant des narines. Xiphocolaptes
      Bβ Bec mince, comprimé en commen-
        çant en avant des narines.   Picolaptes
      Bγ Bec large atténué graduellement vers
        l'extrémité, fort comprimé entre les
        narines.   Dendrocolaptes
  BB Bec dépassant le double de la longueur de
    la tête.
    Ba Bec très faiblement fléchi.   Nasica
    Bb Bec fort courbé dans toute sa longueur. Xiphocolaptes

Genre **GEOSITTA**

a Bec droit, plus court que la tête, croupion isabelle, rémiges sans rien de roux.   G. saxicolina
b Bec plus ou moins courbé.
  b' Rémiges et rectrices sans rien de roux inté-
    rieurement.   G. maritina
  b'' Rémiges rousses en grande partie.
  b''' Bec long.
    bª Bec grêle.   G. tenuirostris
    bᵇ Bec épais.   G. crassirostris
  b'''' Bec de la longueur de la tête ou plus court.
    bᵉ Première rectrice d'un roux isabelle, à

  barbe externe blanche, poitrine faiblement
  tachetée.   G. JUNINENSIS
 b^d Première rectrice blanche jusqu'à la tache
  foncée terminale.   G. FROBENI
 b^e Première rectrice gris roussâtre à la base. G. PERUVIANA

GENRE **FURNARIUS**

a Sommet de la tête terreux brunâtre.
 a' Taille forte, parties supérieures du corps d'un
  roux cannelle vif, dessous du corps ocreux
  clair.   F. CINNAMOMEUS
 a'' Taille petite, parties supérieures du corps
  d'un roux obscur.   F. MINOR
b Sommet de la tête brun terreux.
 a''' Taille moyenne, parties supérieures du corps
  d'un roux plus clair sur le devant du dos,
  poitrine et abdomen d'un roux ocreux.   F. LEUCOPUS
c Sommet de la tête gris brunâtre foncé, taille
 moyenne, parties supérieures du corps d'un roux
 rougeâtre vif.   F. TORRIDUS

GENRE **UPUCERTHIA**

a Dessous du corps fort strié.   U. SERRANA
b Dessous du corps non strié.
 b' Poitrine faiblement nébulée, queue brun
  roussâtre.   U. JELSKII
 b'' Poitrine unicolore, queue rousse.   U. PALLIDA

GENRE **CINCLODES**

a Tout le dessous du corps blanc pur.   C. PALLIATUS
b Dessous du corps fuligineux foncé strié de blanc. C. NIGROFUMOSUS
c Dessous du corps blanc, à flancs gris, gorge et
 cou antérieur à ondulation grise incomplète.   C. RIVULARIS
d Dessous du corps gris roussâtre strié de blanc,
 gorge et cou antérieur blanc pur.   C. MONTANUS
e Dessous du corps gris strié finement de blanc,
 gorge blanche faiblement ondulée de gris foncé. C. BIFASCIATUS

GENRE **LEPTASTHENURA**

a Sommet de la tête roux brunâtre unicolore.   L. PILEATA
b Sommet de la tête strié de noir.
 b' Rectrices externes bordées de blanc.

b^3 Dessous du corps d'un fuligineux strié de blanc. — L. ANDICOLA

b^4 Dessous du corps non strié. — L. ÆGITHALOÏDES

b'' Rectrices externes bordées de gris brunâtre clair. — L. STRIATA

Genre SCLERURUS

a Brun roussâtre, à croupion ferrugineux vif. — S. CAUDACUTUS

b Olive foncé, à croupion concolore. — S. OLIVASCENS

c Brun roussâtre, à croupion marron rougeâtre; le cou antérieur et le haut de la poitrine roux. — S. MEXICANUS

Genre SYNALLAXIS

A Queue à dix rectrices.

a Sommet de la tête, ailes et queue roux.

  a' Front ardoisé.

    a^a Sourcil ardoisé. — S. FRONTALIS

    a^b Sourcil fauve. — S. FRUTICICOLA

  a'' Front roux, queue roux brunâtre. — S. BRUNNEIGAUDA

b Sommet de la tête et ailes roux, queue brune, front ardoisé, gorge et milieu du ventre largement blancs. — S. ALBESCENS

c Sommet de la tête gris, ailes et queue rousses.

  c' Gris olivâtre en dessus, plumes de la gorge schistacées, à bordures terminales blanches, poitrine grise. — S. PROPINQUA

  c'' Brun roussâtre au dos, la tête et tout le dessous cendré ardoisé. — S. MARAÑONICA

  c''' Gris roussâtre en dessus, gorge largement blanche, poitrine striée de brun. — S. STICTOTHORAX

d Tête et dos ardoisés, devant de l'aile roux, queue ardoisé brunâtre, gorge ardoisé noirâtre soyeux, à plumes du menton bordées de blanc. — S. TITHYS

e Tout le dessus roux ou marron unicolore.

  e' Rectrices fort atténuées dans leur partie terminale, gorge blanche sans jaune au menton. — S. MUSTELINA

  e'' Dessous du corps gris avec des taches grises au milieu de la poitrine, et fauves sur les côtés de la poitrine et le milieu de l'abdomen. — S. VULPINA

  e''' Dessus de la tête et du corps brun marron, queue longue, à barbes fort désunies, anneau blanc autour de l'œil, tache rousse au menton. — S. PALPEBRALIS

f Bande pectorale noire, sommet de la tête noir olivâtre, à sourcils blancs très longs et larges,

dos olive grisâtre sans blanc à la base des
plumes, poitrine et abdomen roussâtres.   S. PAUCALENSIS

g Queue noire courte, bec robuste; rousse, à
gorge noire.   S. RUTILANS

B Queue à douze rectrices.

a Sommet de la tête, ailes et queue roux.

   a' Dessous du corps non maculé.

     *a*ᵃ Sourcils blancs nettement prononcés, dos
gris terreux, tout le dessous clair.   S. ANTISIENSIS

     *a*ᵇ Sourcils blanchâtres, dos gris olivâtre,
tout le dessous gris foncé, à gorge blanchâtre.   S. SUBANDINA

     *a*ᶜ Sourcils ocreux, tout le dessous ocreux.   S. FURCATA

     *a*ᵈ Front longuement gris olive, sourcils cen-
drés.   S. CURTATA

   a'' Dessous du corps maculé de noirâtre.   S. HYPOSTICTA

b Sommet de la tête blanc lacté, ailes et queue
rousses.   S. ALBICAPILLA

c Parties supérieures du corps unicolores, queue
rousse ou d'un roux noirâtre, gorge rousse ou
maculée de noir.

   c' Dessous blanc de crème, une grosse tache
rousse variée de blanchâtre au milieu de la
gorge, queue brun noirâtre, à première rectrice toute rousse.   S. AREQUIPÆ

   c'' Dessous gris foncé, gorge ocreuse, queue
rousse.   S. PUDIBUNDA

d Parties supérieures du corps striées ou tachetées.

   d' Taches ou stries noires.

     *d*ᵃ Tête fortement striée de noir, ailes et queue
en partie rousses, dessous du corps fauve,
tache mentonnière ocreuse variée de blanchâtre et de noir.   S. GRAMINICOLA

     *d*ᵇ Taches à peine distinctes sur la tête, plus
prononcées et grosses au dos, rien de roux
sur les ailes et la queue à l'extérieur, tache
au menton d'un roux ferrugineux strié de
blanc et de noir, des stries noires sur le
devant et les côtés du cou.   S. HUMILIS

   d'' Stries longues blanches bordées de noir.

     *d*ᶜ Gorge largement ocreuse unicolore.   S. FLAMMULATA

     *d*ᵈ Milieu de la gorge ocreux, strié de blanc.   S. VIRGATA

GENRE **PLACELLODOMUS**

a Front longuement roux, à baguettes des plumes
rousses.   P. FRONTALIS

b Front longuement roux foncé, à baguette des plumes épaisse, paraissant être noire ou blanche selon la direction de la lumière. P. STRIATICEPS

GENRE **AUTOMOLUS**

a Parties supérieures du corps unicolores.
   a' Gorge blanche, le reste du dessous gris isabelle, à flancs brunâtres. A. SCLATERI
   a" Gorge ocreuse, le reste du dessous fauve, à flancs brunâtres. A. OCHRALÆMUS
b Sommet de la tête et dos striés de fauve.
   b' Bec noirâtre, épais. A. STRIATICEPS
   b" Bec gris corné, faible. A. SUBULATUS

GENRE **PHILYDOR**

a Parties supérieures du corps brun roussâtre.
   a' Les sourcils et tout le dessous d'un roux vif. PH. PYRRHODES
   a" Sourcils et gorge blanchâtres, dessous du corps gris brunâtre, stries blanches sur la poitrine. PH. MONTANUS
   a''' Sourcils et gorge jaunâtres, dessous du corps olive brunâtre, stries blanchâtres sur la poitrine. PH. STRIATICOLLIS
b Parties supérieures du corps olives.
   b' Croupion plus ou moins roux.
     b Croupion roux intense, sourcils roussâtres, dessous du corps jaunâtre pâle. PH. ERYTHROCERCUS
     b Croupion roussâtre, dessous du corps fauve sale. PH. SUBFULVUS
   b" Croupion concolore au dos.
     b Couleur olive du dos uniforme jusqu'aux sus-caudales. PH. SUBFLAVESCENS
     b Couleur olive du croupion plus claire que celle du dos. PH. RUFICAUDATUS
c Parties supérieures du corps grises, ailes d'un roux cannelle à l'extérieur. PH. ERYTHROPTERUS

GENRE **ANABAZENOPS**

a Dessus du corps brun olivâtre uniforme.
   a' Sourcils d'un roux uniforme dans toute leur longueur. A. RUFOSUPERCILIARIS
   a" Sourcils roux au-dessus de l'œil, fauve blanchâtre derrière l'œil. A. CABANISI

b Dessus du corps brun roussâtre.
    b' Sourcils jaune verdâtre devant l'œil, ocreux vif en arrière.   A. TEMPORALIS
    b'' Sourcils d'un roux ferrugineux, gorge ocreuse, côtés du cou roux.   A. RUFICOLLIS

Genre XENOPS

a Abdomen strié de blanc.   X. RUTILUS
b Abdomen unicolore.   X. LITTORALIS

Genre SITTASOMUS

a Tête gris olive unicolore.   S. AMAZONUS
b Tête à baguettes claires dans les plumes du sommet, des côtés et de la gorge.   S. STICTOLÆMUS

Genre MARGARORNIS

a Sourcil blanc jaunâtre, dos et queue rousse, gorge et taches du dessous blanc jaunâtre.   M. PERLATUS
b Point de bande sourcilière, dos brun roussâtre, queue noirâtre, gorge et taches du dessous roux ocreux.   M. BRUNNESCENS

Genre DENDROCINCLA

a Côtés de la tête grisâtres, gorge d'une nuance plus pâle que celle de la poitrine et variée par les baguettes blanchâtres dans toutes les plumes.   D. FUMIGATA
b Gorge blanchâtre traversée dans toute sa longueur par deux raies foncées.   D. MERULA

Genre DENDROCOLAPTES

a Tectrices alaires rayées de noir comme le dos.   D. RADIOLATUS
b Tectrices alaires variées de quelques macules noires et des stries fauves sur les baguettes.   D. VALIDUS

Genre PICOLAPTES

a Gorge largement d'un ocreux pur, de grosses stries isabelles sur le dessous du corps.   P. SOULEYETI
b Milieu de la gorge jaunâtre, des stries fines blanchâtres, plus ou moins aiguës au bout sur le dessous du corps.   P. WARSZEWICZI

Genre **DENDRORNIS**

a Ailes rousses presque en entier.
   a' Taille forte, gorge ocreuse pure, taches
     ocreuses du dessous grosses et peu pro-
     noncées.   D. ROSTRIPALLENS
   a" Taille petite, dos brun olive varié de nom-
     breuses stries fauves, gorge ocreuse squa-
     mulée finement de brun, nombreuses grosses
     taches fauves arrondies au bout sur la poi-
     trine et subaiguës au ventre.   D. MULTIGUTTATA
b Ailes rousses sur les rémiges, olives sur les
  tectrices.
   b' Taches ocreuses du dessous grosses et sub-
     arrondies, taches du dos antérieur lacrymi-
     formes.   D. ELEGANS
   b" Taches du dessous lacrymiformes, celles du
     dos antérieur linéaires.   D. OCELLATA
c Peu de roussâtre sur l'extrémité des ailes, plumage général olive foncé, les taches jaunâtres
  de la poitrine assez grandes et subcarrées.   D. TRIANGULARIS

Famille **TYRANNIDÆ**

Tribu **TÆNIOPTERINÆ**

A Queue fort arrondie, à rectrices étagées, couleur
  blanche prédominante.   FLUVICOLA
B Deux rectrices médianes atténuées et fort prolon-
  gées chez le mâle.   COPURUS
C Queue à rectrices peu inégales.
  C' Pattes élevées.
    CA Queue assez longue, aile longue.   MUSCISAXICOLA
    CB Queue médiocre, scutelles du tarse soudées. CENTRITES
    CC Queue courte, huppe interne jaune.   MUSCIGRALLA
  C" Pattes médiocres.
    CA Queue faiblement échancrée au milieu.
      Ca Sourcil blanc ou jaune plus ou moins
        large.
        Cα Corps plus ou moins trapu.   OCHTHOECA

Cβ Corps svelte, coloration semblable
    aux Phyllopneustes.   Mecocerculus
Cb Sourcil peu marqué.
    Cα Queue rousse terminée d'une bande
        brune.   Myiotheretes
    Cβ Queue sans roux ou à barbe interne
        des rectrices en partie rousse.   Ochthodiæta
CB Queue à rectrices graduellement un peu plus
   longues depuis les externes aux médianes.
   Ca Bec bicolore, plumage du mâle noir, à
       rémiges blanches intérieurement.   Cnipolegus
   Cb Bec unicolore.
     Cα Queue blanche en grande partie, na-
       rines percées dans une fosse.   Agriornis
     Cβ Queue noire, narines percées sans
       fosse.   Arundinicola

Genre MUSCISAXICOLA

a Queue noire, à bord des rectrices externes blanc.
  a' Front et sourcils blancs.
    aa Point de tache nucale.   M. albifrons
    ab Tache nucale d'un roux clair.   M. flavinucha
  a" Sourcils blancs.
    aa Point de tache nucale.
      aα Sourcil très fin ne dépassant pas l'œil. M. cinerea
      aβ Sourcil large dépassant l'œil, taille
        forte.   M. grisea
      aγ Sourcil blanchâtre peu prononcé; base
        de la mandibule inférieure jaune. M. maculirostris
    ab Tache nucale plus ou moins prononcée.
      aα Tache nucale d'un roux ferrugineux
        peu prononcée sur le reste du sommet
        de la tête gris roussâtre; sourcil blanc
        au-dessus de l'œil, cendré clair en
        arrière.   M. rubricapilla
      aβ Tache nucale d'un roussâtre faible,
        peu distinct de la couleur environ-
        nante; sourcil blanchâtre peu pro-
        noncé.   M. juninensis
      aγ Tache nucale d'un roux ferrugineux
        intense bien distinct de la couleur en-
        vironnante; sourcil blanc très large. M. rufivertex
  a'" Point de sourcil blanc ni du blanc au front.
    aa Lores noirs, sommet de la tête brun rous-
       sâtre, du roux au menton.   M. mentalis

  ab Sommet de la tête concolore au dos;
   gorge blanchâtre.   M. FLUVIATILIS
b Rémiges et rectrices longuement rousses à la
 base de la barbe interne.   M. RUFIPENNIS

Genre **AGRIORNIS**

a Rectrices externes jusqu'à la quatrième inclusivement blanches en entier; la suivante blanche
 le long du milieu.   A. SOLITARIA
b La rectrice externe et la subexterne blanches
 avec une raie d'un brun terreux au bord du
 quart basal de la barbe interne, les trois sui-
 vantes terminées de blanc : la troisième dans
 les $^2/_3$ de la longueur; la quatrième dans la
 moitié; la cinquième dans le tiers. A. ALBICAUDA
c Rectrices externes jusqu'à la cinquième blanches, la quatrième a une bordure grise sur la
 barbe interne, la cinquième bordée des deux
 côtés de cette couleur.   A. POLLENS
d Rectrices externes blanches jusqu'à la cinquième,
 qui a le bord interne gris.   A. INSOLENS

Genre **MYIOTHERETES**

a Le front et le croupion concolores au dos, la
 gorge et tout le devant du cou fortement striés
 de brun; bec épais.   M. STRIATICOLLIS
b Front longuement blanc, croupion roux, stries
 gulaires peu prononcées; bec faible. M. ERYTHROPYGIUS

Genre **OCHTHODIÆTA**

a Queue unicolore; couleur du dessous du corps
 presque la même que celle du dessus. O. FUMIGATA
b Barbe interne des rectrices bordée largement
 de roux.
 b' Ailes traversées de deux raies rousses, dessous du corps roux ocreux.   O. FUSCORUFA
 b'' Deux raies transalaires fauves blanchâtres,
  milieu du ventre blanc jaunâtre. O. SIGNATA

Genre **OCHTHOECA**

a Sourcils blancs.
 a' Sourcils larges.
  aa Point de bandes transalaires.

$a\alpha$ Dessous du corps gris cendré.   O. LEUCOMETOPA
$a\beta$ Dessous du corps roux, à poitrine brunâtre.   O. POLIONOTA
   ab Une bande transalaire rousse.
      $a\alpha$ Abdomen roux jaunâtre; croupion roussâtre; raie transalaire large.   O. ŒNANTHOÏDES
      $a\beta$ Milieu du ventre largement blanc, poitrine d'un roux vif.
         $a1$ Bande transalaire rousse large.   O. LESSONI
         $a2$ Bande transalaire fine peu prononcée.   O. RUFIPECTORALIS
a'' Sourcils fins.
   aa Plumage général schistacé.
      $a\alpha$ Unicolore.   O. NIGRITA
      $a\beta$. A grande plaque pectorale rousse.   O. THORACICA
a''' Sourcils blancs, front jaune, ailes à deux bandes rousses.   O. JELSKII
b Sourcils roussâtres, abdomen roux, deux bandes transalaires.   O. FUMICOLOR
c Sourcils blanchâtres peu larges; queue longue; deux larges bandes transalaires et bordures des rémiges secondaires rousses.   O. RUFIMARGINATA
d Sourcils jaunes.
   d' Dos olivâtre, dessous jaune sulfureux pur.   O. SALVINI
   d'' Dos roux olivâtre, dessous jaunâtre sale.   O. GRATIOSA

Genre **MECOCERCULUS**

a Barbe interne des rectrices blanche.
   a' Bordures des rémiges secondaires rousses.   M. CALOPTERA
   a'' Bordures des rémiges secondaires jaunâtres.   M. POECILOCERCA
b Rien de blanc sur la barbe interne.   M. STICTOPTERA

Tribu **PLATYRHYNCHINÆ**

A Bec assez court, presque aussi large que long, aplati, à arête dorsale proéminente dans toute sa longueur, terminée en crochet.   PLATYRHYNCHUS
B Bec presque aussi long que la tête, aplati, large, linguiforme, subitement atténué au bout; queue à rectrices étroites, plus ou moins étagées.   TODIROSTRUM
C Bec semblable au précédent, mais plus fortement atténué dans sa partie terminale; rectrices étroites, peu inégales.
   C' Point de huppe.   EUSCARTHMUS
   C'' Plumes du sommet de la tête de plus en plus

longues, en s'éloignant du front, noires bordées
de cendré ou de roux, formant une huppe plate
et large.   LOPHOTRICCUS

C''' Bec plus graduellement atténué que dans les
deux précédents; huppe interne rousse plus ou
moins développée.   HAPALOCERCUS

C'''' Queue très courte, à rectrices fines.   ORCHILUS

D Bec plus ou moins fin.

D' Tête sans huppe.

DA Aile courte, à troisième et quatrième rémiges
les plus longues, dépassant peu les secondaires; queue longue, fort graduée.   STIGMATURA

DB Aile à troisième et quatrième rémiges les
plus longues, dépassant fort les secondaires;
queue médiocre, à rectrices peu inégales.   SERPHOPHAGA

D'' Tête huppée.

DA Huppe composée de plumes effilées, plus
ou moins prolongées.   ANÆRETES

DB Huppe plate, composée de plumes arrondies,
larges, dont les médianes forment une huppe
interne rouge semblable à celle des roitelets
(*Regulus*); bec très fin.   CYANOTIS

Genre **PLATYRHYNCHUS**

a Sommet de la tête schistacé, à huppe interne
blanche.   P. SENEX

b Sommet de la tête concolore au dos, à huppe
interne jaune.   P. ALBIGULARIS

Genre **TODIROSTRUM**

a Bande sourcilière jaune.   T. CHRYSOCOTAPHUM

b Gorge et poitrine striées de noir; point de tache
blanche occipitale.   T. SIGNATUM

c Point de bande sourcilière, ni stries en dessous.

c' Dos cendré, dessous jaune.   T. CINEREUM

ca Gorge jaune.

cb Gorge blanche.   T. SCLATÉRI

c'' Dos noir, dessous jaune; petites tectrices
alaires marron foncé, les grandes et les
moyennes jaunes.   T. PULCHELLUM

Genre **LOPHOTRICCUS**

a Plumes du sommet de la tête noires bordées de
roux.   L. SQUAMÆCRISTATUS

b Plumes du sommet de la tête noires bordées de
cendré.   L. SPICIFER

Genre **EUSCARTHMUS**

a Dos vert olive.
   a' Gorge noire, tour de l'œil roux.   E. PYRRHOPS
   a" Gorge et cou roussâtres, sommet de la tête
     lavé de roussâtre.   E. RUFIGULARIS
   a''' Gorge, devant du cou et milieu de la poitrine
     blanc pur, sommet de la tête gris foncé.   E. RUFIPES
 b Sommet de la tête et dos gris foncé, croupion
   olivâtre; gorge blanc soyeux strié de grisâtre.   E. WUCHERERI

Genre **HAPALOCERCUS**

a Tour de l'œil largement roussâtre, un peu de
   roux sur la base des plumes occipitales.   H. FULVICEPS
b Tour de l'œil olive, tout le dessous soufré.   H. ACUTIPENNIS

Genre **SERPHOPHAGA**

a Point de huppe.
   a' Tête avec la gorge rousse.   S. RUFICEPS
   a" Tête noire en dessus.   S. CINEREA
b Petite huppe noire verticale.   S. HYPOLEUCA

Genre **ANÆRETES**

a Ventre jaune.
   a' Plumes de la huppe recourbées en avant.   A. PARULUS
   a" Plumes de la huppe droites.   A. AGILIS
b Plumes de la huppe longues et droites.
   b' Abdomen jaunâtre.   A. ALBOCRISTATUS
   b" Abdomen blanc.   A. NIGROCRISTATUS

Tribu **ELAINEINÆ**

A Bec plus court que la tête, non élargi et non aplati
   à la base, régulièrement atténué vers l'extrémité.
 A' Bec à arête dorsale distincte jusque près de
   l'extrémité; cils maxillaires petits et peu nombreux; quatrième rémige la plus longue; première et septième, base de la mandibule rouge. MIONECTES
 A" Bec à arête dorsale arrondie; cils maxillaires
   longs et abondants; cils petits nombreux sur
   les joues.
   AA Bec plus long que la moitié de la tête.   LEPTOPOGON

    AB Bec à peine plus long que la moitié de la
        tête.   POGONOTRICCUS
    A''' Bec assez large à la base, graduellement atténué
        vers l'extrémité; cils longs et abondants;
        troisième et quatrième rémiges les plus longues. CAPSIEMPIS

B Bec plus court que la tête, triangulaire, assez
    large et non aplati à la base, à ligne latérale droite,
    arête dorsale anguleuse.
    B' Bec court.   PHYLLOMYIAS
    B'' Bec plus long que la moitié de la tête.   MYIOPATIS

C Bec fin, comprimé devant les narines, à arête fort
    proéminente dans la partie basale; cils maxillaires
    fins et peu nombreux; deuxième rémige la plus
    longue.   ORNITHION

D Bec court subtriangulaire, assez large à la base.
    D' Cils maxillaires assez forts et nombreux; point
        de huppe interne.   TYRANNISCUS
    D'' Cils maxillaires très petits et peu nombreux,
        une huppe interne jaune.   TYRANNULUS
    D''' Cils maxillaires assez nombreux; le plus sou-
        vent une huppe interne blanche ou jaune.   ELAINEA

E Bec à côtés concaves, fort comprimé à l'extrémité
    terminée par un crochet long; huppe interne d'un
    rouge orangé.   MYOZETETES

F Bec à côtés légèrement convexes, large à la base,
    n'est comprimé qu'à l'extrémité même en crochet
    fort courbé; point de huppe interne.   CONOPIAS

G Bec court, triangulaire, large à la base, à arête
    dorsale arrondie, l'extrémité même comprimée;
    cils peu nombreux et peu longs.
    G' Huppe interne jaune.   LEGATUS
    G'' Point de huppe interne.   SUBLEGATUS

H Bec court, large, aplati à la base, à côtés plus ou
    moins convexes, terminé en crochet.   RHYNCHOCYCLUS

I Bec considérablement plus long que le tarse, gros,
    plus large que haut, terminé en crochet fort
    courbé; cils maxillaires longs et assez abondants.
    I' Ligne latérale du bec presque droite jusqu'au
        crochet.   PITANGUS
    I'' Ligne latérale du bec convexe.
        IA Huppe interne jaune.   MYIODYNASTES
        IB Point de huppe interne.   SIRYSTES

GENRE **MIONECTES**

   a Dessous roux, sommet de la tête concolore au dos. M. OLEAGINEUS
   b Abdomen jaune soufré; tête d'un cendré ardoisé,
    des stries sur la gorge et la poitrine.   M. STRIATICOLLIS

Genre **LEPTOPOGON**

a Côtés de la tête maculés de blanc.
  a' Sommet de la tête schistacé, à front parsemé
    de blanc; une tache auriculaire noirâtre.   L. SUPERCILIARIS
  a'' Sommet de la tête brun café; front non ta-
    cheté; plumes alaires bordées de roussâtre;
    tache auriculaire brun foncé.   L. PERUVIANUS
  a''' Sommet de la tête schistacé olivâtre, à front
    non tacheté; le devant du cou et la poitrine
    d'un roussâtre sale.   L. RUFIPECTUS
  a'''' Sommet de la tête ardoisé, à front imma-
    culé, des stries blanches très petites au-
    dessous de l'œil; point de tache auriculaire
    foncée.   L. MINOR

Genre **MYIOPATIS**

a Abdomen jaune.   M. WAGÆ
b Abdomen blanc.   M. TUMBEZANA

Genre **ORNITHION**

a Dessus gris avec une teinte olivâtre très faible;
  dessous blanchâtre lavé souvent d'isabelle.   O. SCLATERI
b Dessus olive sale, dessous jaune soufré pâle.   O. PUSILLUM

Genre **TYRANNISCUS**

a Front jaune, sommet de la tête concolore au
  dos.   T. CHRYSOPS
b Devant du front blanchâtre, sommet de la tête
  ardoisé olivâtre.   T. VIRIDIFLAVUS
c Sommet de la tête noir.   T. NIGRICAPILLUS
d Sommet de la tête cendré, côtés de la tête maculés de blanc; une grosse tache auriculaire
  noire.   T. CINEREICEPS
c Sommet de la tête cendré, à disque des plumes
  plus foncé.   T. GRACILIPES
f Sommet de la tête olive verdâtre concolore au
  dos.   T. VIRIDISSIMUS

Genre **ELAINEA**

a Huppe interne blanche.
  a' Dos gris olive,

aa Milieu de l'abdomen blanc; huppe interne
fort développée.
    aα Gorge gris cendré; point de sourcil
    blanc.   E. ALBICEPS
    aβ Gorge blanche; sourcil blanc dépas-
    sant peu l'œil.   E. LEUCOSPODIA
ab Milieu de l'abdomen jaune soufré.
    aα Huppe interne fort développée.
        a1 Taille forte; gorge largement blan-
        che, bandes transalaires blanchâtre
        sale.   E. GIGAS
        a2 Taille médiocre, gorge jaunâtre;
        bandes transalaires blanc presque
        pur.   E. PALLATANGÆ
    aβ Huppe interne peu développée, quel-
    quefois nulle; gorge blanchâtre; bandes
    transalaires blanchâtre sale.   E. PAGANA
a" Dos olive verdâtre; milieu de l'abdomen
jaune; bandes transalaires jaune pâle; sommet
de la tête noirâtre.   E. ELEGANS
b Huppe interne jaune citron.
  b' Sommet de la tête ardoisé noirâtre; bandes
  transalaires grises peu prononcées.   E. SUBPLACENS
  b" Sommet de la tête olive plus foncé que le
  dos, deux larges bandes jaunâtres en travers
  de l'aile.   E. CANICEPS
c Point de huppe interne.
  c' Taille forte; tout le dessus olive brunâtre,
  dessous jaunâtre, deux larges bandes transalaires blanchâtre sale.   E. GIGAS
  c" Taille petite; sommet de la tête gris olivâtre
  concolore au dos, à plumes graduellement
  prolongées en formant une huppe assez
  élevée.
    ca Trois bandes transalaires blanc sale, crou-
    pion roussâtre.   E. BREVIROSTRIS
    cb Deux bandes blanches en travers de
    l'aile, croupion olivâtre.   E. GRACILIS

GENRE **MYIOZETETES**

a Sourcils blancs plus ou moins larges.
  a' Bordures des rémiges primaires rousses;
  bandes sourcilières réunies sur la nuque,
  huppe interne orangée rougeâtre bordée largement de jaune.   M. CAYENNENSIS

a" Bordures des rémiges primaires jaune olivâtre.

    aa Huppe interne rouge orangé, bordée
finement de jaune; plumes du sommet de
la tête olive foncé; front peu enduit de
blanchâtre.   M. SIMILIS

    ab Huppe interne orangée rougeâtre; sour-
cils très larges, front longuement blanchâtre; plumes du sommet et des côtés
de la tête d'un cendré ardoisé.   M. GRANADENSIS

b Sourcils nuls.

  b' Tête cendrée, à huppe interne orangée en
entier chez le mâle, jaune citron chez la femelle; gorge et devant du cou largement
blancs.   M. SULPHUREUS

  b" Tête d'un olive très foncé, à huppe interne
d'un minium orangé bordée de plumes
blanches en partie jaunes.   M. LUTEIVENTRIS

Genre **RHYNCHOCYCLUS**

a Queue olivâtre.

  a' Sommet de la tête concolore au dos.

    aa Cou antérieur et poitrine d'un roux oli-
vâtre; plumes alaires bordées de roussâtre.   R. FULVIPECTUS

    ab Poitrine jaunâtre pâle.   R. VIRIDICEPS

  a" Sommet de la tête cendré.

    aa Sommet de la tête cendré bleuâtre; tache
auriculaire noirâtre très prononcée; longueur de l'aile, 74 millimètres.   R. PERUVIANUS

    ab Sommet de la tête schistacé enduit plus
ou moins d'olive; tache auriculaire nulle;
longueur de l'aile, 61-66 millimètres.   R. SULPHURESCENS

    ac Sommet de la tête ardoisé enduit légère-
ment d'olivâtre; tache auriculaire nulle;
longueur de l'aile, 53 millimètres.   R. MEGACEPHALUS

    ad Sommet de la tête cendré, à plumes en-
duites de vert olive sur leurs extrémités;
longueur de l'aile, 53 millimètres.   R. POLIOCEPHALUS

b Queue rousse; plumes alaires bordées largement
de roux; dessous du corps fort strié.   R. RUFICAUDA

Genre **MYIODYNASTES**

a Corps fort tacheté.

  a' Le brun foncé occupant largement le milieu

des rectrices; tout le milieu du ventre tacheté; une bande foncée large au milieu des
sous-caudales.   M. SOLITARIUS

a'' Le brun foncé occupant finement le milieu
des rectrices.

    aa Menton blanc, moustache brune fine,
milieu du ventre blanc pur; bordures des
rémiges primaires rousses.   M. AUDAX

    ab Menton noirâtre prolongé en moustaches
larges; milieu du ventre blanc plus ou
moins enduit de jaune; sous-caudales
blanches ou jaunes, à baguettes blanches
en grande partie.   M. LUTEIVENTRIS

b Corps non tacheté.

    b' Dos olive; queue schistacée, à bordures
olives fines.   M. CHRYSOCEPHALUS

    b'' Dos brunâtre; queue en grande partie et
croupion roux.   M. ATRIFRONS

TRIBU **TYRANNINÆ**

A Bec depuis la commissure plus long que le tarse.

A' Bec beaucoup plus long que le tarse.

    AA Bec aplati et large, cils maxillaires pro-
longés jusque près de son extrémité; tête
ornée d'une huppe en éventail transversal.   MUSCIVORA

    AB Bec large non aplati, cils maxillaires courts;
tête ornée d'une huppe interne jaune.   MEGARHYNCHUS

A'' Longueur du bec dépassant peu celle du tarse.

    AA Bec aplati à la base, subtriangulaire, com-
primé à l'extrémité, à crochet terminal fort
courbé, la ligne latérale convexe à la base
et concave à l'extrémité.

    Aa Cils maxillaires n'atteignant pas la moitié
du bec, la deuxième rémige la plus
longue, la troisième distinctement plus
courte; couleur du dessous du corps
rousse.   HIRUNDINEA

    Ab Cils maxillaires dépassant la moitié du
bec; les deuxième et troisième rémiges
les plus longues et égales.   CONTOPUS

    AB Bec triangulaire non aplati à la base, à côtés
presque droits, terminé par un crochet
courbé.

    Aa Bec faible; sommet de la tête à plumes
allongées, formant une couronne abondante; coloration différente dans les deux
sexes.   PYROCEPHALUS

    Ab Bec épais, large à la base.

$A\alpha$ Point de huppe interne. MYIARCHUS
$A\beta$ Une huppe interne jaune ou orangée.
    $A1$ Première rémige atténuée faiblement à l'extrémité, les autres normales; bec plus court que la tête. EMPIDONOMUS
    $A2$ Six rémiges primaires fort atténuées à l'extrémité. TYRANNUS
    $A3$ Deux rémiges externes fort atténuées à l'extrémité; queue très longue et très profondément fourchue. MILVULUS

B Bec depuis la commissure plus court que le tarse.
    B' Huppe interne jaune ou rouge, queue beaucoup plus courte que l'aile. MYIOBIUS
    B'' Huppe interne peu prononcée; queue à peine moins longue que l'aile. MITREPHORUS
    B''' Point de huppe interne.
        BA Troisième et quatrième rémiges les plus longues. EMPIDOCHANES
        BB Deuxième et troisième rémiges les plus longues. EMPIDONAX

GENRE **CONTOPUS**

a Plumage général ardoisé, moins foncé en dessous; taille forte. C. ARDESIACUS
b Couleur du dessus du corps gris olivâtre, à sommet de la tête plus foncé.
    b' Taille forte; milieu du dessous jaunâtre pâle, flancs largement gris olive strié de plus foncé; longueur de l'aile, 113 millimètres. C. BOREALIS
    b'' Taille petite.
        ba Sommet de la tête noirâtre; bec fort aplati à la base, à arête dorsale fort proéminente; longueur de l'aile, 72-74 millimètres. C. PUNENSIS
        bb Sommet de la tête brun; arête dorsale du bec presque effacée.
            $b\alpha$ Longueur de l'aile, 83 millimètres. C. PLEBEJUS
            $b\beta$ Longueur de l'aile, 74 millimètres. C. VIRENS

GENRE **PYROCEPHALUS**

a La tête et tout le dessous rouges chez le mâle.
    a' Taille plus forte; longueur de l'aile, 80 millimètres. P. CORONATUS

a'' Taille moins forte; longueur de l'aile, 74-75 millimètres. — P. RUBINEUS

b La tête et le dessous d'un fuligineux lavé de rosé. — P. OBSCURUS

Genre **MYIOBIUS**

a Huppe interne dans les deux sexes.
  a' Dessus du corps olive, croupion et ventre d'un jaune pâle.
    aa Poitrine et flancs largement roux, huppe interne jaune chez le mâle, rousse chez la femelle; bec large. — M. VILLOSUS
    ab Poitrine légèrement enduite de roussâtre; bec peu élargi. — M. BARBATUS
  a'' Tout le dessous roux vif; dos olive foncé; une bande ocreuse en travers du croupion; huppe jaune citron dans les deux sexes. — M. CINNAMOMEUS
  a''' Dessus olive verdâtre, croupion et ventre largement jaunes; queue rousse unicolore; huppe interne jaune. — M. PHŒNICURUS
  a'''' Dessus olive foncé, dessous jaune serin, à poitrine enduite de roussâtre; huppe interne roux orangé. — M. PULCHER
  a''''' Espèces tachetées en dessous.
    aa Dessous fort strié.
      aα Fond du dessous blanc; huppe interne roux cannelle vif; souvent jaune chez la femelle. — M. CRYPTERYTHRUS
      aβ Fond du dessous jaunâtre pâle; huppe interne jaune. — M. NÆVIUS
    ab Dessous roux non strié; huppe interne roux cannelle. — M. RUFESCENS
b Huppe interne chez le mâle, nulle chez la femelle; olive verdâtre en dessus, jaune en dessous; tour de l'œil jaune; point de bandes transalaires. — M. SUPERCILIOSUS
c Point de huppe interne dans les deux sexes, queue, ailes et dessous du corps roux. — M. ERYTHRURUS

Genre **EMPIDOCHANES**

a Barbe interne des rémiges et des rectrices bordée largement de roux; ventre, sous-caudales et sous-alaires roux. — E. POECILURUS
b Queue schistacée; milieu du ventre jaunâtre pâle; deux bandes transalaires et bordures des rémiges roussâtres. — E. OLIVUS

Genre **MYIARCHUS**

a Poitrine cendrée; abdomen jaune pâle.
  a' Barbe interne des rectrices largement rousse.   M. ERYTHROCERCUS
  a'' Point de roux sur la queue.
    aa Sommet de la tête noir.   M. NIGRICEPS
    ab Sommet de la tête cendré, à milieu plus
    ou moins noirâtre.   M. PHÆOCEPHALUS
    ac Sommet de la tête brun olivâtre.
      aα Barbe externe des rectrices latérales
      grise, bandes transalaires peu pro-
      noncées.   M. TYRANNULUS
      aβ Barbe externe des rectrices latérales
      blanche ou blanchâtre; bandes transa-
      laires bien prononcées.   M. CEPHALOTES
b Tout le dessous du corps roux.   M. SEMIRUFUS

Genre **TYRANNUS**

a Abdomen jaune.
  a' Gorge cendrée, poitrine olivâtre; huppe interne orangée bordée de jaune; queue profondément échancrée.   T. MELANCHOLICUS
  a'' Gorge blanche passant au cendré clair sur
  la poitrine; huppe interne jaune citron; queue
  à peine entaillée.   T. NIVEIGULARIS
b Abdomen blanc; tête noire au sommet et sur les
côtés; huppe interne orangée bordée de blanc;
queue terminée de blanc.   T. PIPIRI
c Tout le dessous gris cendré; sommet de la tête
noir; huppe interne jaune citron.   T. AURANTIO-ATROCRIS-
        TATUS

Famille **PIPRIDÆ**

A Rémiges primaires atténuées aiguës à l'extrémité.
  A' Primaires jusqu'à la cinquième ou sixième lon-
    guement atténuées, plus ou moins courbées,
    les secondaires raides.   Chiromachæris
  A'' Primaires jusqu'à la troisième ou quatrième
    atténuées jusqu'à l'extrémité, droites.   Chiroxiphia
  A''' Première et deuxième rémiges longuement
    atténuées à l'extrémité; dessous du corps strié. Machæropterus
B Rémiges primaires normales.
  B' Queue courte, raide ou molle, quelquefois à
    rectrices prolongées en appendices criniformes. Pipra
  B'' Queue longue, étagée; plumes frontales érigées,
    piliformes.   Metopothrix
  B''' Queue médiocre; coloration modeste.
    BA Queue coupée carrément ou légèrement
      arrondie.
      Ba Bec médiocre turdiforme.   Heteropelma
      Bb Bec court assez robuste.   Schiffornis
      Bc Bec court et faible.
        Bα Troisième et quatrième rémiges les
          plus longues et égales.   Chloropipo
        Bβ Troisième rémige la plus longue. Neopipo
    BB Queue plus ou moins étagée.
      Ba Queue cunéiforme, à rectrices terminées
        par une tache blanche.   Piprites
      Bb Queue à six rectrices médianes larges
        presque égales, les autres fort étagées
        et étroites.   Heterocercus

Genre **PIPRA**

a Queue à baguettes des rectrices prolongées en
  un appendice criniforme plus long que les rectrices mêmes, et courbées; tête et cou postérieur
  du mâle rouge écarlate, tout le dessous jaune. P. filicauda
b Queue normale courte.
  b' Tête à huppe cervicale bifide; tête rouge. P. cornuta
  b'' Tête sans huppe.
    ba Queue à rectrices raides, les baguettes
      épaisses et raides.
      bα Tête rouge, à gorge noire, tibias jaunes. P. chloromeros

    bβ Téte jaune, à gorge noire, tibias rouges.   P. AURICAPILLA
bb Queue à rectrices non raides.
    ba Tête rouge, à gorge noire; tibias blancs
      avec du rouge sur le bas du côté
      externe.   P. RUBRICAPILLA
    bβ Vertex, nuque et derrière du cou
      rouges; front, côtés de la tête, gorge
      et devant du cou jaunes.   P. FASCIATA
    bγ Sommet de la tête bleu.
      b1 Front concolore au reste du sommet;
        le croupion et les sus-caudales
        bleus.   P. CÆRULEOCAPILLA
      b2 Front noir, point de bleu au crou-
        pion.   P. CYANEOCAPILLA
    bδ Sommet de la tête blanc.
      b1 Croupion et sus-caudales bleus.   P. ISIDORI
      b2 Point de bleu au croupion.
        *b** Taille plus forte, le blanc plus
          prolongé sur la nuque; longueur
          de l'aile, 65 millimètres.   P. CORACINA
        *b*** Taille moins forte, le blanc moins
          prolongé sur la nuque; longueur
          de l'aile, 59 millimètres.   P. LEUCOCILLA
    bε Plumage vert olive dans les deux sexes.   P. VIRESCENS

GENRE **MACHÆROPTERUS**

a Sommet de la tête jaune avec une raie médiane
rouge.   M. PYROCEPHALUS
b Sommet de la tête rouge.   M. STRIOLATUS

GENRE **HETEROPELMA**

a Dessus olive sale, presque uniforme partout.   H. WALLACII
b Dessus olive brunâtre, à sommet de la tête d'une
nuance différente; bordures des plumes alaires
roussâtres.   H. AMAZONUM

Famille **COTINGIDÆ**

Tribu **TITYRINÆ**

A Deuxième rémige du mâle normale; plumage général cendré avec du noir ét du blanc.   Tityra

B Deuxième rémige du mâle courte et aiguë au bout.
   B' Cils maxillaires assez forts; plumage du mâle
      cendré foncé sans blanc aux aîles et la queue,
      roux dans la femelle.   Hadrostomus
   B" Cils maxillaires faibles et courts; plumage du
      mâle cendré, noir ou vert, souvent avec du
      blanc aux ailes et sur la queue; coloration diffé-
      rente dans les femelles; rarement rousse dans
      les deux sexes.   Pachyrhamphus

Tribu **LIPAUGINÆ**

A Cils maxillaires forts.
   A' Ligne dorsale du bec droite jusqu'à l'extré-
      mité courbée en crochet; narines rondes; talon
      armé de squamules disposées en scie.   Lipaugus
   A" Ligne dorsale du bec courbe; narines larges
      en travers; talon sans armure.   Lathria

B Cils maxillaires courts et fins; ligne dorsale du
bec droite jusqu'à l'extrémité courbée en crochet. Aulia

Tribu **ATTILINÆ**

Ligne dorsale du bec droite, jusqu'au bout courbé
en crochet; cils maxillaires forts, mais courts.   Attila

Tribu **RUPICOLINÆ**

A Bec couvert en entier par les plumes frontales
érigées en une crête verticale fort élevée.   Rupicola

B Plumes frontales courtes et verticales, le reste du
plumage du sommet de la tête plat.   Phœnicocercus

Tribu COTINGINÆ

A Tête sans huppe.
    A' Plumage général vert.
       AA Troisième et quatrième rémiges les plus
           longues et égales.   Ampelio
       AB Quatrième et cinquième rémiges les plus
           longues et égales.   Pipreola
    A'' Rémiges primaires externes atténuées; tec-
       trices alaires non atténuées; narines décou-
       vertes.   Cotinga
    A''' Rémiges primaires non atténuées.
       AA Taille forte, narines couvertes en entier par
           les plumules, ailes et queue à lustre coracin. Sericossypha
       AB Taille petite, narines couvertes par les plu-
           mules criniformes, plumage modeste, à
           faisceau de plumes violettes sur les flancs. Iodopleura
B Huppe occipitale assez longue, composée de plumes
    atténuées, rousses en grande partie.   Heliochera
C Huppe interne rouge cannelle.   Doliornis

Tribu GYMMODERINÆ

A Tête surmontée d'un panache élevé abritant toute
    la tête et le bec, une expansion cutanée plus ou
    moins longue au-dessous de la gorge, emplumée
    ou dénuée.   Cephalopterus
B Tête sans huppe.
    B' Toute la tête et le cou emplumés, narines cou-
       vertes de plumes frontales.
       BA Bec fort élargi, aplati, deux fois aussi large
           que haut derrière les narines, troisième et
           quatrième rémiges égales et les plus longues. Querula
       BB Bec peu élargi et non aplati, moins de deux
           fois aussi large que haut, derrière les na-
           rines; quatrième et cinquième rémiges
           égales et les plus longues.   Pyroderus
    B'' Joues et côtés du cou dénués en grande partie;
       narines non couvertes; deuxième rémige la
       plus longue.   Gymnoderus

Genre TITYRA

a Femelle striée de noir; le noir du sommet de la
    tête chez le mâle prolongé jusqu'à la nuque.   T. cayana
b Femelle non striée de noir.

b' Queue blanche à la base et à l'extrémité.   T. SEMIFASCIATA
b" Queue toute noire.   T. ALBITORQUES

Genre **HADROSTOMUS**

a Mâle, à cravate rosée en travers du cou.   H. MINOR
b Point de rosé au cou.
  b' Mâle, à dessous du corps gris pâle.   H. AUDAX
  b" Mâle, à dessous du corps schistacé cendré. H. HOMOCHROUS

Genre **PACHYRHAMPHUS**

a Sommet de la tête noir chez le mâle.
  a' Dos du mâle vert olivâtre.   P. VIRIDIS
  a" Dos du mâle cendré.
    aa Rectrices terminées longuement de blanc. P. ALBOGRISEUS
    ab Rectrices bordées finement au bout de
      blanchâtre.   P. CINEREUS
  a''' Dos du mâle noir.
    aa Rectrices terminées longuement de blanc.
      aα Dessous du corps cendré ardoisé.   P. ATRICAPILLUS
      aβ Dessous du corps noirâtre.   P. NIGER
    ab Rectrices non terminées de blanc.
      aα Dessus du corps cendré ardoisé.   P. SPODIURUS
      aβ Dessous blanchâtre, à cou jaune, le
        tout ondulé de foncé.   P. VERSICOLOR
b Sommet de la tête roux dans les deux sexes,
  plumage général roux.   P. RUFESCENS

Genre **ATTILA**

a Sommet et côtés de la tête cendré obscur, crou-
  pion et milieu de l'abdomen jaune roussâtre clair. A. CITRINIVENTRIS
b Sommet de la tête strié finement de foncé, milieu
  de l'abdomen jaunâtre.   A. TORRIDUS
c Sommet de la tête aussi roux que le dos, rien
  de jaune ni au croupion ni au milieu du ventre. A. THAMNOPHILOÏDES

Genre **PIPREOLA**

a Capuchon céphalique.
  a' Vert obscur entouré d'une bordure jaune; le
    jaune des flancs strié de vert.   P. RIEFFERI
  a" Noir entouré d'une bordure jaune; le jaune
    de l'abdomen squamulé de noirâtre.   P. INTERMEDIA

a''' Noir non bordé de jaune; milieu de l'abdomen jaune pur, flancs verts.   P. Lubomirskii
b Capuchon céphalique peu prononcé et réduit au-
devant du visage, plaque gutturale d'un orangé
vif.   P. elegans

Genre **AMPELIO**

a Dos vert olivâtre unicolore, dessous rayé en
travers de noir; capuchon noir chez le mâle.   A. arguatus
b Plumes du dos noires bordées de vert olive,
celles du dessous vert olives, à disque jaune;
chez le mâle sommet de la tête noir, lores et
demi-collier nucal jaunes.   A. cinctus

Genre **HELIOCHERA**

a Rectrices à tache blanche subterminale, point
de collier roux.   H. rubrocristata
b Rectrices sans tache blanche, collier roux occupant la gorge, région auriculaire et la nuque.   H. rufaxilla

Genre **COTINGA**

a Dessus du corps bleu.
    a' Bleu uniforme sur tout le dessus, tectrices
alaires bleues, gorge largement violette.   C. maynana
    a'' Base des plumes bleues longuement noires,
tectrices alaires noires bordées de bleu,
gorge et devant du cou violet.   C. cayana
b Dessus du corps noir squamulé de blanc, dessous blanc, gorge violet obscur.   C. porphyrolæma

Famille PHYTOTOMIDÆ

Genre PHYTOTOMA

a Tout le sommet de la tête roux.   Ph. rara
b Le roux n'occupe que la bordure frontale.   Ph. Raimondii

Famille CORVIDÆ

A Plumes frontales plus ou moins longues et érigées
en y formant une espèce de huppe.   Cyanocorax
B Plumes frontales courtes sans former de huppe.   Cyanocitta

Genre CYANOCORAX

a Plumage du corps violâtre, tête et devant du
cou noirs.   C. violaceus
b Dessus du corps bleu foncé, tête et devant du
cou noirs; la nuque, le cou postérieur, le dessous
du corps et les rectrices latérales blancs.   C. mystacalis
c Dessus du corps vert, dessous jaune, sommet
de la tête blanc jaunâtre.   C. yncas

Genre CYANOCITTA

a Plumage général bleu verdâtre, plaque gulaire
d'un vert très obscur, entourée en dessous d'une
bordure blanche.   C. viridicyanea
b Plumage général bleu outremer, plaque gulaire
bleu violâtre, à bordure blanche peu prononcée.   C. joliæa

Famille **ICTERIDÆ**

A Bec épais, large à la base, à arête dorsale fort dilatée en une scutelle plus ou moins élevée au-dessus du front.

   A' Scutelle frontale renflée.

      AA Ailes n'atteignant qu'à la moitié de la queue.   Clypeicterus

      AB Ailes dépassant l'extrémité de la queue.   Ocyalus

   A" Scutelle frontale plus ou moins aplatie.

      AA Queue longue plus ou moins étagée.   Ostinops

      AB Queue médiocre arrondie à l'extrémité.   Cassicus

B Bec moins fort, à arête dorsale non élargie.

   B' Tête tout emplumée.

      BA Queue assez longue, à rectrices latérales fort raccourcies; couleur prédominante jaune.   Icterus

      BB Queue médiocre, à rectrices externes peu raccourcies.   Xanthosomus

      BC Queue médiocre coupée carrément à l'extrémité.

         Ba Bec conique élevé à la base; beaucoup de rouge sur le dessous du corps.

            Bα Sourcils blancs chez le mâle.   Trupialis

            Bβ Point de sourcil blanc chez le mâle.   Leistes

         Bb Bec assez faible, point de rouge.   Agelaius

         Bc Plumage noir uniforme.

            Bα Bec court épais.

               B1 Queue coupée carrément.   Molothrus

               B2 Queue arrondie.

                  *B** Troisième, quatrième, cinquième et sixième rémiges les plus longues.   Dives

                  *B*** Deuxième et troisième rémiges les plus longues.   Lampropsar

               B3 Rectrices prolongées en pointe.   Dolichonyx

   B" Lores, tour de l'œil et côtés de la gorge dénués.   Gymnomystax

C Bec très épais, large à la base, à arête dilatée en une scutelle frontale aplatie; deuxième rémige la plus longue; plumage noir coracin.   Cassidix

D Bec à arête non élargie à la base; troisième rémige la plus longue; queue cunéiforme; plumage noir, à reflets bleus ou verts.   Quiscalus

Genre **OSTINOPS**

a Dos, ailes et ventre marron, tête, cou et poitrine jaune olivâtre.   O. Yuracarium

b Couleur noire prédominante au corps.   O. DECUMANUS
c Couleur olive prédominante au corps.
   c' Plaque frontale élargie.   O. VIRIDIS
   c'' Plaque frontale peu large.
     ca Bec jaune.
      cα Quatre rectrices médianes toutes olives.   O. ATROVIRENS
      cβ Deux rectrices médianes et la barbe interne des submédianes olives; côtés du front d'un jaune sulfureux.   O. ALFREDI
     cb Bec noirâtre.   O. ANGUSTIFRONS

Genre **CASSICUS**

a Noirs, à croupion jaune.
   a' Rectrices jaunes à la base.
     aa Dans la plus grande moitié.   C. PERSICUS
     ab Dans la plus petite moitié.   C. FLAVICRISSUS
   a'' Rectrices noires en entier.
     aa Ailes toutes noires.   C. CHRYSONOTUS
     ab Grosse tache jaune sur les tectrices alaires.   C. LEUCORHAMPHUS
b Noirs à croupion rouge, plumage luisant.   C. AFFINIS
c Noirs en entier.
   c' Troisième et quatrième rémiges les plus longues; base du bec plombé olivâtre.   C. SOLITARIUS
   c'' Quatrième et cinquième rémiges les plus longues, bec tout jaune.   C. HOLOSERICEUS

Genre **ICTERUS**

a Plumage noir, à tache humérale jaune.
   a' Sommet de la tête, croupion et tibias jaunes.   I. CHRYSOCEPHALUS
   a'' Sommet de la tête, croupion et tibias noirs.   I. CAYENNENSIS
b Plumage jaune en grande partie, région interscapulaire noire.
   b' Rectrices noires, l'externe blanche à l'extérieur.   I. GRACE-ANNÆ
   b'' Rectrices médianes noires, les externes jaunes.   I. MESOMELAS
c Plumes de la gorge longues et atténuées.
Plumage orangé, à dos concolore, queue toute noire.   I. CROCONOTUS

Genre **TRUPIALIS**

a Sous-alaires blanches.
   a' Bec dépassant 3 centimètres; tibias gris, tachetés de noir.   T. MILITARIS
   a'' Bec n'atteignant pas 3 centimètres; tibias blancs.   T. BELLICOSA

Famille **TANAGRIDÆ**

Tribu **EUPHONIINÆ**

A Coloration dissemblable dans les deux sexes.
  A' Bec deux fois aussi large à la base que haut;
    queue médiocre, faiblement échancrée.   Procnias
  A'' Bec un peu plus large à la base que haut;
    queue courte.
    AA Plumage général vert vif, à éclat vitreux,
      dessous jaune; femelle peu différente.   Chlorophonia
    AB Plumage du mâle noir lustré de bleu violet,
      à dessous jaune ou roux, femelle olive; ou
      mâle olive peu différent de la femelle.   Euphonia
B Coloration semblable dans les deux sexes; bec
  aussi haut que large à la base, queue médiocre.   Pipridea

Genre **EUPHONIA**

a Mâle noir lustré de bleu en dessus.
  a' Sommet de la tête bleu.   E. nigricollis
  a'' Tête et gorge tout noirs.   E. rufiventris
  a''' Sommet de la tête plus ou moins jaune.
    aa Queue noire en entier.
      aα Le jaune du sommet de la tête pro-
        longé jusqu'à la nuque; gorge noire.   E. saturata
      aβ Le jaune occupant le front et le vertex;
        gorge jaune.   E. melanura
    ab Rectrices externes à tache blanche.
      aα Gorge jaune; sommet de la tête jaune
        jusqu'à la nuque.   E. hypoxantha
      aβ Gorge noire.
        a1 Lustre violet sur la tête et le cou.
          1 Le jaune frontal et du dessous
            clair.   E. serrirostris
          2 Le jaune frontal et du dessous
            orangé sale.   E. xanthogastra
        a2 Lustre de la tête et du cou non
          violet.   E. minuta
b Mâle vert olive en dessus.
  b' Front d'une nuance tirant au jaunâtre.   E. chrysopasta
  b'' Front largement jaune soufré.   E. chalcopasta

Genre **PIPRIDEA**

a Moustaches noires sur les côtés de la gorge.   P. castaneiventris
b Point de moustaches noires.   P. venezuelensis

Famille **TANAGRINÆ**

A Bec fin, peu dilaté à la base, comprimé dans la
moitié terminale.
   A' Deuxième, troisième et quatrième rémiges les
plus longues et égales; narines couvertes en
grande partie de plumules frontales; couleur
prédominante bleu foncé.   Tanagrella
   A" Deuxième et troisième rémiges les plus longues
et presque égales; narines presque rondes et
découvertes; couleur prédominante vert brillant; plumes de la tache parotique à barbules
jointes en faisceaux rappelant une production
de cire.   Chlorochrysa
B Bec court, peu épais, élargi à la base; queue médiocre; rectrices presque égales entre elles.
   B' Deuxième, troisième et quatrième rémiges les
plus longues, première = cinquième; couleurs
en général vives, à éclat vitreux, changeant de
nuance vers la lumière.   Calliste
   B" Bec plus élargi à la base; couleur dominante
bleue.   Diva
C Bec court et épais.
   C' Narines couvertes par les plumes frontales;
bec comprimé, plus haut que large à la base;
quatrième rémige la plus longue.   Iridornis
   C" Narines rondes, ouvertes en entier.
      CA Bec aussi haut que large à la base; deuxième
et troisième rémiges les plus longues, première plus courte que la quatrième.   Tanagra
      CB Bec plus haut que large à la base; troisième
rémige la plus longue; taille forte.   Buthraupis
      CC Bec à arête dorsale peu courbée; narines
oblongues.
         Ca Une tache temporale jaune ou rouge,
correspondante à la couleur de l'abdomen;
troisième et quatrième rémiges les plus
longues; première = septième.   Pœcilothraupis
         Cb Une grosse tache jaune cervico-nucale;
troisième et quatrième rémiges les plus
longues; première = sixième.   Compsocoma
D Bec à mandibule fort élevée, plate, à base arrondie,
élevée au-dessus du plumage voisin, d'une couleur
plombée.   Rhamphocelus

E Bec plus long que la moitié de la tête, à ligne
dorsale faiblement courbe, terminée en crochet
courbé, plus haut que large à la base.

   E' Bord de la mâchoire droit non armé d'une
dent médiane.

     EA Cils maxillaires fort développés; coloration
semblable dans les deux sexes.   TRICHOTHRAUPIS

     EB Cils maxillaires peu développés.

       Ea Plumage dissemblable dans les sexes,
beaucoup de noir chez les mâles.   TACHYPHONUS

       Eb Plumage semblable dans les deux sexes;
rien de noir; une huppe cervicale plate
plus ou moins développée.   EUCOMETIS

   E'' Bord de la mâchoire armé au milieu d'une
dent plus ou moins développée.

     EA Bec plus ou moins faible.

       Ea Tête noire uniforme.   LANIO

       Eb Tête à bande médiane largement rousse. CREURGOPS

     EB Bec épais.

       Ea Quatrième et cinquième rémiges les plus
longues; première = huitième.   PHŒNICOTHRAUPIS

       Eb Deuxième jusqu'à la cinquième rémige
les plus longues; première plus longue
ou égale à la sixième.   PYRANGA

F Bec plus ou moins faible, plus haut que large à
la base, droit, à ligne dorsale peu courbée; coloration des deux sexes semblable ou peu différente.

   F' Première rémige égale à la neuvième.   NEMOSIA

   F'' Première rémige plus longue que la huitième,
couleur prédominante olive.   CHLOROSPINGUS

   F''' Bec très faible, à arête dorsale légèrement
courbe, doigt externe sans ongle égal à l'interne.   MICROSPINGUS

Genre **TANAGRELLA**

a Front d'un bleu concolore au-dessous du corps. T. IRIDINA
b Front d'un céladon doré.   T. CALLOPHRYS

Genre **CALLISTE**

a Dos noir velouté, tête verte, dessous bleu de
ciel, à gorge violette.

   a' Croupion rouge feu.   C. YENI

    a″ Croupion jaune et rouge.   C. COELICOLOR
b Dos noir mat.
    b′ Tête avec la gorge et le cou bleus.   C. CYANICOLLIS
    b″ Tête et cou lilacés, gorge et joues vert pomme.   C. NIGRICINCTA
    b‴ Tête noire, à sourcils très larges et gorge
        verts.   C. MELANOTIS
    b⁗ Tête à sommet vert, dessous du corps tacheté
        de vert et de noir.   C. BERLEPSCHI
    b⁗′ Tête à sommet et la nuque jaune, front et
        joues d'un rouge miniacé.   C. PARZUDAKII
c Dos noir squamulé de vert.
    c′ Milieu du ventre jaune.   C. XANTHOGASTRA
    c″ Milieu du ventre blanc.   C. PUNCTATA
d Dos vert strié de noir.
    d′ Croupion jaune.
        dᵃ Côtés de la tête noirs, avec la gorge et une
            tache antéoculaire vertes.   C. SCHRANKI
    d″ Croupion vert, tête jaune, gorge noire.
        dᵇ Tête d'un jaune doré en entier.   C. VENUSTA
        dᶜ Tête à sommet orangé.   C. XANTHOCEPHALA
    d‴ Croupion bleu verdâtre.
        dᵈ Front jaune doré, tache auriculaire orangé
            doré, bordée en dessous de noir.   C. CHRYSOTIS
e Dos straminé, sommet de la tête roux, la gorge
   et le devant du cou d'un bleu violâtre.   C. CYANOLÆMA
f Dos noir strié de jaune, la tête et le dessous du
   corps jaune, gorge marron foncé.   C. PULCHRA
g Dos vert, dessous bleu, tête marron rougeâtre.   C. GYROLOÏDES
h Plumage général bleu, dos noir, milieu de l'abdomen jaune sulfureux.   C. BOLIVIANA
i Plumage général bleu céladon; nuque traversée
   d'une raie d'un roux soyeux peu large.   C. FULVICERVIX
k Sommet de la tête et dessous du corps largement
   noirs.
    k′ Dos bleu argenté.
       kᵃ Gorge et côtés de la tête d'un jaune rous-
          sâtre.   C. ARGENTEA
       kᵇ Gorge et côtés de la tête d'un vert pomme
         jaunâtre.   C. VIRIDICOLLIS
    k″ Dos straminé argenté.
       kᶜ Gorge et côtés de la tête vert céladon.   C. ARGYROPHENGES

Genre **DIVA**

a Plumage général bleu.   D. VASSORI
b Plumage général bleu, à tête céladon grisâtre.   D. BRANICKII

c Plumage général bleu, à dos noir, tache nucale
d'un blanc straminé.   D. ATROCÆRULÉA

Genre IRIDORNIS

a Tête jaune au sommet, dos bleu, abdomen roux. I. JELSKII
b Tête noire, demi-collier nucal jaune, dos et poitrine bleus, ventre verdâtre sale.   I. REINHARDTI
c Tête à sommet ardoisé foncé, dos olive, gorge
jaune, abdomen ocreux.   I. ANALIS

Genre TANAGRA

a Plumage général cendré bleuâtre.
   a' Petites tectrices alaires d'un blanc violâtre. T. COELESTIS
   a" Petites tectrices alaires d'un bleu outremer,
   le cendré du corps coloré plus ou moins de
   verdâtre.   T. CANA
b Plumage général olive violâtre; tête, devant de
l'aile vert pomme jaunâtre.   T. MELANOPTERA
c Dessous du corps jaune.
   c' D'une nuance sulfurée; dos olive brunâtre;
   la tête avec le cou et les ailes bleus.   T. DARWINI
   c" Poitrine orangée; dos noir; la tête avec le
   cou et les ailes bleus.   T. STRIATA
d Dessous du corps cendré ardoisé, dos vert olive,
sommet de la tête bleu outremer.   T. CYANOCEPHALA

Genre PŒCILOTHRAUPIS

a Dessous du corps jaune.
   a' Tête et dos bleuâtre, tache lacrymale jaune. P. LACRYMOSA
   a" Tête et dos ardoisé olivâtre, à peine bleuâtre,
   taches lacrymales et palpébrales jaunes.   P. PALPEBROSA
b Poitrine et abdomen d'un rouge vif.
   b' Sous-caudales rouges variées de noir.   P. IGNICRISSA
   b" Sous-caudales rouges en entier.   P. IGNIVENTRIS

Genre RHAMPHOCELUS

a Dos, ailes et queue noirs; la tête, le cou et le
dessous rouges, masque céphalique et milieu du
ventre noirs.   R. NIGROGULARIS
b Plumage général noir rougeâtre, à croupion et
les sous-caudales rouges.   R. LUCIANI

c Tête et cou d'un rouge obscur.
    c' Abdomen et dos d'un rouge très obscur.   R. JACAPA
    c'' Abdomen et dos noirs.   R. ATROSERICEPS

Genre **TACHYPHONUS**

a Plumage général du mâle noir.
    a' Une tache humérale blanche.   T. MELALEUCOS
    a'' Bande humérale rouge.   T. PHOENICEUS
    a''' Croupion fauve.
       aa Le noir du plumage général coracin, milieu du sommet de la tête fauve, côtés du bas-ventre roux.   T. NAPENSIS
       ab Le noir du plumage mat.
          aα Gorge fauve, milieu du sommet de la tête orangé rougeâtre, à bordures fauves.   T. CRISTATUS
          aβ Poitrine et ventre roux, tache verticale fauve.   T. RUFIVENTRIS

Genre **PHŒNICOTHRAUPIS**

a Rouge sale, à huppe interne rouge feu.   PH. PERUVIANUS
b Olive jaunâtre, à gorge striée de jaune.   PH. CARMIOLI

Genre **PYRANGA**

a Mâle tout rouge.
    a' D'un rouge rosé; bec non denté.   P. ÆSTIVA
    a'' D'un rouge cinabarin; bec denté.   P. AZARÆ
b Rouge à ailes et queue noires, deux bandes blanches en travers de l'aile.   P. ARDENS
c Rouge sur la tête, le cou et la poitrine, jaune sur l'abdomen et le croupion.   P. RUBRICEPS

Genre **NEMOSIA**

a Grise en dessus.
    a' Tête rousse en entier.
       aa Dessous du corps roux, à milieu du ventre blanc.   N. ORNATA
       ab Gorge et poitrine rousses, abdomen blanc, à flancs gris.   N. PECTORALIS
    a'' Sommet de la tête gris, côtés de la tête roussâtres.

      aa Gorge jaunâtre, dessous roussâtre, à milieu du ventre blanc.   N. sordida
      ab La gorge et tout le dessous ocreux.   N. inornata
  b Vert olive en dessus, côtés de la tête et gorge noirs.
      b' Sourcils et demi-collier d'un jaune sulfureux.   N. guira
      b'' Sourcil roux foncé très fin.   N. guirina
  c Dos noir sur les côtés, jaune au milieu; gorge jaune, le reste du dessous blanc.
      c' Point de jaune sur l'aile.   N. flavicollis
      c'' Tache jaune sur l'aile.   N. peruana
  d Dessus du corps bleuâtre, dessous blanc.   N. pileata

Genre **CHLOROSPINGUS**

  a Olive verdâtre en dessus.
      a' Olive jaunâtre en dessous, milieu de la gorge jaunâtre; sourcil jaunâtre peu marqué.   Ch. oleagineus
      a'' Blanc grisâtre en dessous, à flancs olives.
        aa Tête schistacé brunâtre, gorge et devant du cou fauve blanchâtre.   Ch. cinereocephalus
        ab Tête brun noirâtre, à grosse tache postoculaire blanche, bande pectorale olive pâle.   Ch. albitemporalis
      a''' Gris sale en dessous, tête concolore au dos, gorge jaune.   Ch. flavigularis
      a'''' Jaune en dessous.
        aa Tête noire au sommet et les côtés, sourcils blancs très longs.   Ch. auricularis
        ab Tête cendré ardoisé, gorge et poitrine cendré blanchâtre; sous-caudales roussâtres.   Ch. chrysogaster
        ac Front jaune, sourcils jaunes verdâtres; sous-caudales roussâtres.   Ch. frontalis
        ad Front cendré, sourcils blancs.   Ch. superciliosus
  b Gris en dessus.
      b' Blanchâtre en dessous.
        ba Sourcils et tache génale blancs.   Ch. leucogaster
        bb Point de sourcils blancs, bec mince.   Ch. xanthophthalmus
      b'' Roux en dessous.
        ba Tête et gorge noires, sourcils blancs longs et larges.   Ch. castaneicollis
        bb Tête cendrée au sommet, noire sur les côtés.   Ch. berlepschi

Tribu **ARREMONINÆ**

A Queue plus longue que l'aile.
  A' Queue fort étagée, plumage blanc et noir.   Cissopis

A″ Couleur du dessous jaune, blanche ou cendrée;
   sommet de la tête roux; bec court.   CARÉNOCHROUS

B Queue moins longue que l'aile.
  B′ Plumage général vert vif.   PSITTOSPIZA
  B″ Coloration modeste.
    BA Bec conique, à mâchoire courbée légère-
       ment au bout.
      Ba Aile plus longue que la queue.   ARREMON
      Bb Aile aussi longue que la queue; bec
           médiocre; pattes fortes.   BUARREMON
    BB Bec robuste, élevé.
      Ba. Bords de la mâchoire droits jusqu'à
           l'extrémité courbée, non armés d'une
           dent.
        Bα Taille forte, quatrième rémige la
               plus longue.   SALTATOR
        Bβ Taille médiocre, troisième rémige la
               plus longue.   ORCHESTICUS
      Bb Bords de la mâchoire découpés au mi-
           lieu en une dent.
        Bα Taille forte; dent forte; échancrure
               terminale bien prononcée.   PITYLUS
        Bβ Taille médiocre; dent faible; échan-
               crure terminale presque nulle.   CONOTHRAUPIS

Genre **CARÉNOCHROUS**

a Dessous du corps jaune.
  a′ Gorge jaune.
    aa Miroir alaire blanc, dos et queue ardoisés;
       sommet de la tête et nuque largement
       roux.   C. LATINUCHUS
    ab Miroir alaire nul; dos et queue olive sale,
       milieu de la tête et de la nuque d'un jaune
       sale.   C. TRICOLOR
  a″ Gorge noire; dos fuligineux noirâtre, aile
       sans miroir; sommet de la tête et nuque lar-
       gement roux vif.   C. MELANOLÆNUS
b Dessous du corps blanc ou blanc roussâtre.
  b′ Miroir alaire blanc volumineux; front lon-
       guement noir, bordé des deux côtés de blanc,
       grosse tache cervicale fauve.   C. DRESSERI
  b″ Miroir alaire nul, front longuement noir,
       bordé des deux côtés de blanc, le reste du
       sommet de la tête marron foncé.   C. SEEBOHMI
c Dessous du corps cendré plombé, gorge large-

ment blanche, à longues moustaches noires;
milieu du front noir, côtés blancs; sommet de
la tête et nuque roux; miroir nul.   C. Taczanowskii

Genre **ARREMON**

a Dos olive brunâtre; sommet de la tête noir, à
raie médiane cendrée; devant de l'aile orangé;
bec rouge.   A. erythrorhynchus

b Dos olive verdâtre, sommet de la tête tout noir;
bec noir.   A. nigriceps

c Dos ardoisé; sommet de la tête tout noir; bec
noir.   A. Abeillei

Genre **BUARREMON**

a Olive en dessus.
    a' Sommet de la tête roux, demi-collier noir.   B. brunneinuchus
    a'' Sommet de la tête cendré au milieu, noir sur
      les côtés.
      aa Demi-collier noir.   B. torquatus
      ab Point de demi-collier noir.   B. affinis
    a''' Toute la tête avec la gorge fauve roussâtre.   B. fulviceps
b Ardoisé en dessus.
    b' Toute la tête avec la gorge blanche et une
      grosse tache noire cervicale.   B. albiceps
    b'' Tête noirâtre, gorge largement avec le bas
      des joues d'un blanc isabelle, moustaches
      noires courtes.   B. Nationi

Genre **SALTATOR**

a Dos plus ou moins olive.
    a' Sourcils blancs.
      a' Gorge blanche par-devant, ocreuse en bas,
       bordée des deux côtés d'une large mous-
       tache noire.   S. magnus
      a' Sourcil fin, gorge blanche bordée des deux
       côtés d'une moustache grise foncé.   S. superciliaris
      a' Sourcil très large lavé de jaunâtre, gorge
       blanche sans moustaches, poitrine enduite
       de jaune.   S. flavidicollis
    a'' Point de sourcil blanc, milieu de la gorge
      blanc bordé largement de gris olivâtre, poi-
      trine et abdomen fortement striés.   S. albicollis

b Dos plombé.
    b' Gorge blanche bordée de moustaches noires, poitrine et abdomen gris cendré, queue unicolore.   S. CÆRULESCENS
    b'' Gorge fauve blanchâtre bordée de moustaches noires, poitrine et abdomen fauve grisâtre. queue unicolore.   S. AZARÆ
    b''' Gorge blanche au milieu même, côtés de la tête, de la gorge et le devant du cou noirs, poitrine cendrée ou fauve grisâtre, du blanc à l'extrémité des deux rectrices externes.   S. LATICLAVIUS

FAMILLE FRINGILLIDÆ

A Bec épais.
    A' Ligne dorsale du bec arquée.
        AA Ligne dorsale du bec fort arquée, narines latérales.   NEORHYNCHUS
        AB Dos du bec bossu à la base, à courbure très faible après avoir dépassé les narines; narines voisines du sommet.   GNATHOSPIZA
        AC Ligne dorsale du bec en arc faible.
            Aa Narines voisines du sommet.
                $A\alpha$ Extrémité de la mâchoire courbée en bas, à échancrure profonde; couleur générale jaune avec du noir.   PHEUCTICUS
                $A\beta$ Extrémité de la mâchoire à peine inclinée, à échancrure faible; couleur générale bleue chez les mâles.   GUIRACA
                $A\gamma$ Bec bossu à la base, puis abaissé en ligne droite.   SPOROPHILA
            Ab Narines petites situées dans la moitié de la hauteur de la mâchoire; courbure du dos médiocre.   PIEZORHINA
    A'' Bec très court.
        AA Pyrrhulacé, à dos en courbe régulière.   SPERMOPHILA
        AB Bec bossu à la base, puis à courbe très faible.   CATAMENIA
        AC Bec comprimé, à arête dorsale largement aplatie, dans toute sa longueur, les côtés creusés.   CATAMBLYRHYNCHUS
B Bec conique.
    B' Queue fort arrondie à l'extrémité.
        BA Plumage du dos strié de foncé sur un fond clair.

   Ba Bec plus haut que large, comprimé sur les côtés. HÆMOPHILA

   Bb Bec presque aussi large que haut. COTURNICULUS

  BB Plumage noir métallique.

   Ba Noir en entier. VOLATINIA

   Bb Blanc en dessous, tête rouge. PAROARIA

  BC Plumage cendré uniforme; bec sylviforme. XENOSPINGUS

 B'' Queue peu arrondie à l'extrémité.

  BA Queue unicolore; huppe rouge chez les mâles. CORYPHOSPINGUS

  BB Barbe interne des rectrices blanche. POOSPIZA

 B''' Queue légèrement entaillée.

  BA Troisième rémige la plus longue.

   Ba Aucune trace d'échancrure maxillaire, extrémité de la mâchoire non courbée. DIUCA

   Bb Extrémité de la mâchoire courbée légèrement, quelquefois une trace de l'échancrure. PHRYGILUS

   Bc Ailes courtes. ZONOTRICHIA

  BB Deuxième et troisième rémiges les plus longues.

   Ba Queue jaune à la base, ou blanche en partie. CHRYSOMITRIS

   Bb Queue unicolore. SYCALIS

C Queue à rectrices presque égales, bec semblable à ceux des Conirostres, mais un peu plus gros, à dos légèrement enfoncé devant les narines. SPODIORNIS

GENRE **PHEUCTICUS**

a La tête, le cou et tout le dessus noirs.

 a' Croupion noir. PH. AUREIVENTRIS

 a'' Croupion jaune. PH. UROPYGIALIS

b La tête, le cou et tout le dessous jaunes. PH. CHRYSOGASTER

GENRE **SPERMOPHILA**

a Noir en dessus et sur la tête, dessous blanc.

 a' Tout le cou avec la gorge, la poitrine et les côtés de l'abdomen blancs, le miroir alaire blanc. S. LUCTUOSA

 a'' Milieu de la gorge et de la poitrine noir bordé de blanc, plumes des flancs ocellées, miroir alaire blanc, petit. S. OCELLATA

b Dos cendré.

 b' Gorge, milieu de la poitrine et une raie le long du milieu de l'abdomen roux. S. CASTANEIVENTRIS *b″* Dos strié de noirâtre; gorge marron foncé, reste du dessous blanc.   S. TELASCO

c Gris olivâtre en dessus.

   c′ Le front, les joues, la gorge et le haut de la poitrine noirâtres; abdomen jaune soufré pâle.   S. GUTTURALIS

   c″ Dessous du corps blanc jaunâtre, miroir-alaire et deux bandes transalaires blancs.   S. SIMPLEX

   c‴ Dessous du corps gris foncé.   S. OBSCURA

   c⁗ Dessous du corps gris pâle.   S. PAUPER

Genre **CATAMENIA**

a Queue traversée d'une large bande blanche.

   a′ Plus fort; bordures blanches aux rémiges primaires non dilatées à la base pour former un miroir alaire, très peu de blanchâtre au milieu du bas-ventre.   C. ANALIS

   a″ Moins fort; bordures blanches aux rémiges primaires dilatées à la base en formant un miroir alaire, milieu du ventre blanc.   C. ANALOÏDES

b Queue sans bande blanche.

   b′ Dos strié de noir.   C. RUFIROSTRIS

   b″ Dos non strié.   C. HOMOCHROA

Genre **CORYPHOSPINGUS**

a Noir en dessus, à huppe et le dessous rouge intense.   C. CRUENTA

b Dos gris brunâtre lavé de rouge, huppe d'un rouge vif, dessous du corps rouge carminé.   C. CRISTATA

c Dos cendré ardoisé, huppe rouge intense bordée de noir, dessous cendré clair, à milieu blanc.   C. PILEATUS

Genre **POOSPIZA**

a Cendré bleuâtre en dessus, à dos lavé de fauve, tache pectorale noire, barbe interne des rectrices en grande partie blanche.   P. BONAPARTEI

b Ardoisé brunâtre en dessus, la poitrine et le haut des côtés de l'abdomen roux.   P. CÆSAR

Genre **PHRYGILUS**

a La tête avec la gorge et le cou supérieur cendré plombé.

a' Dos olive verdâtre, dessous du corps jaune sans nuance rousse. . . . . Ph. Aldunati

a'' Dos olive jaunâtre et dessous du corps jaune avec une nuance rousse. . . . . Ph. Gayi

b La tête avec la gorge et le cou supérieur noir ou noirâtre, dos roux, ventre jaune au milieu, poitrine et flancs roux. . . . . Ph. atriceps

c Plumage général gris ou cendré.

   c' Queue traversée d'une large bande blanche. Ph. alaudinus

   c'' Queue sans bande.

      c^a La gorge, le cou antérieur et le milieu de la poitrine et de l'abdomen noirs squamulés de blanc. . . . . Ph. fruticeti

      c^b Tout le corps cendré bleuâtre plus clair en dessous qu'en dessus. . . . . Ph. rusticus

      c^e Dessus du corps gris strié de noir, dessous du corps et bande sourcilière gris blanchâtre.

         cα Longueur de l'aile, 71-76 millimètres. Ph. plebejus

         cβ Longueur de l'aile, 60-65 millimètres. Ph. ocularis

Genre CHRYSOMITRIS

a Plumage général noir, à bande transalaire et la région anale jaunes. . . . . Ch. atrata

b Tout le dessus noir, tout le dessous jaune, miroir alaire blanc. . . . . Ch. columbiana

c Tête noire, dos olive.

   c' Croupion et le dessous du corps jaune sulfureux. Ch. capitalis

   c'' Croupion et le dessous du corps jaune orangé. Ch. Siemiradzkii

d La tête et tout le cou antérieur noirs, dos noirâtre frangé d'olive, le croupion, le dessous du corps et une bande transalaire jaune sulfureux. Ch. uropygialis

Genre SYCALIS

a Olive jaunâtre en dessus, sommet de la tête orangé. S. flaveola

b Tout le corps jaune tirant au verdâtre en dessus. S. lutea

c Dos gris verdâtre, sommet de la tête olive jaunâtre, croupion jaune verdâtre uniforme. S. chloris

d Dos cendré, tête jaune, croupion olive jaunâtre. S. uropygialis

e Dos gris strié de noirâtre.

   e' Dessous du corps avec les flancs jaunes. . S. luteiventris

   e'' Dessous du corps jaune à flancs gris. . . S. arvensis

f Dos roux, dessous cendré. . . . . S. erythronota

Famille **PICIDÆ**

A Queue courte, à rectrices non raides, arrondie au
bout.   Picumnus

B Queue fort étagée, à rectrices raides, les médianes
les plus longues, fort atténuées à l'extrémité, à
baguette épaisse.

    B' Sillons sus-nasaux saillants, prolongés jusque
près du bout de la mâchoire.

      BA Bec droit, robuste; queue longue; plumage
général noir et rouge.

       Ba Doigt antérieur externe plus long que
le postérieur externe.   Dryocopus

       Bb Doigt antérieur externe moins long que
le postérieur externe.   Campephilus

      BB Bec moins robuste; queue médiocre; ailes
rayées en travers de blanc ou de blanchâtre.   Picus

    B'' Sillons sus-nasaux moins saillants et moins
prolongés.

      BA Ailes non rayées en travers, rémiges à baguette brune.   Chloronerpes

      BB Ailes rayées en travers, rémiges à baguette
jaune.   Chrysoptilus

    B''' Sillons nasaux peu prononcés; arête dorsale
fort arquée.   Celeus

    B'''' Sillons nasaux presque nuls ou peu marqués.

      BA Arête dorsale du bec saillante.   Hypoxanthus

      BB Arête dorsale du bec arrondie peu saillante.

       Ba Bec moins long que la tête.   Melanerpes

       Bb Bec plus long que la tête.   Colaptes

Genre **PICUMNUS**

a Dessous du corps immaculé.

    a' Dessous d'un cannelle foncé.   P. rufiventris

    a'' Dessous roussâtre.   P. Castelnaudi

b Dessous du corps rayé ou maculé.

    b' Dessus varié de macules bien distinctes.

      *b** Dessous jaunâtre rayé sur toute la surface
de brun noirâtre.   P. Buffoni

    b'' Dessus à bordures claires dans les plumes,
peu prononcées.

      *b** Dessous jaunâtre rayé en travers sur toute

la surface de brun noirâtre, front du mâle
ponctué de jaune doré.   P. punctifrons

*b*ᶜ Dessous blanchâtre, à gorge et poitrine
rayés en travers de noir, l'abdomen longi-
tudinalement de noir, front du mâle parsemé de gros points blancs à la base et
jaunes au sommet.   P. Sclateri

*b*ᵈ Poitrine noire maculée de blanc, abdomen
rayé en travers de noir et de blanc, front
strié longuement de rouge cinabarin.   P. Steindachneri

*b*ᵉ Poitrine blanche rayée en travers de noir,
abdomen blanchâtre maculé de noir, front
du mâle strié de rouge.   P. Jelskii

Genre **CAMPEPHILUS**

a Poitrine et abdomen rayés en travers de noir
sur un fond blanc roussâtre.
    a' Croupion tout noir.   C. melanoleucus
    a" Croupion rayé de fauve.   C. Sclateri

b Dessous du corps non rayé.
    b' Poitrine et abdomen d'un roux cannelle,
enduit de rouge sur le devant, barbe externe
des rémiges primaires cannelle en partie.   C. trachelopyrus
    b" Poitrine, abdomen et croupion rouge sang.   C. hæmatogaster

Genre **PICUS**

a Dessous non maculé, gorge et cou antérieur
jaune, front longuement blanc.   P. cactorum

b Dessous maculé de brun, front concolore au
sommet de la tête.   P. lignarius

Genre **CHLORONERPES**

a Tout le corps presque unicolore sans taches ni
raies.   Ch. fumigatus

b Dessus rouge, dessous blanc ondulé de gris,
côtés de la tête blanchâtres avec tache brune
auriculaire.   Ch. callonotus peru-
                          vianus

c Dessus du corps olive.
    c' Dessous rayé en travers de brun.
       *c*ᵃ Des raies sur tout le dessous jusqu'à l'extré-
mité des sous-caudales, du rouge sur les
tectrices alaires.   Ch. hilaris.

    c^b Le ventre et les sous-caudales non rayés,
       milieu du front et du vertex ordinairement
       sans rouge. . . .   Ch. canipileus
  c'' Dessous à grosses macules claires sur la poi-
    trine et des raies transversales foncées sur le
    ventre et les sous-caudales.
      c^a Gorge et côtés de la tête jaunes. .   Ch. flavigularis
      c^b Gorge blanchâtre, côtés de la tête olive jau-
        nâtre, avec une raie jaune orangée au-
        dessus du rouge malaire. .   Ch. leucolæmus

Genre **CHRYSOPTILUS**

a Gorge et devant du cou noirs.   Ch. atricollis
b Gorge noire tachetée de blanc, poitrine ponctuée
  de noir. .   Ch. punctipectus

Genre **COLAPTES**

a Région jugulaire variée de lignes transversales
  noires.   C. Stolzmanni
b Région jugulaire variée de taches cordiformes
  noires. .   C. puna

Genre **CELEUS**

a Plumage du corps rayé de noir sur un fond
  roux brunâtre.
    a' Le devant du cou et la poitrine noirs.   C. tinnunculus
    a'' La gorge et le devant du cou de la couleur
      uniforme tachetée de noirâtre.   C. grammicus
b Plumage du corps uniforme sans taches.
    b' Roux foncé, à croupion et les flancs de l'ab-
      domen jaune sale.   C. jumana
    b'' Roux rougeâtre très foncé, croupion jaune
      citron roussâtre.   C. citreopygius
    b''' Plumage du corps jaune peu intense.   C. citrinus

Famille **ALCEDINIDÆ**

Bec long, comprimé, assez élevé, à arête dorsale
aplatie en dessus et pénétrant profondément
entre les plumes frontales; queue longue, large,
à rectrices externes considérablement plus
courtes, les autres égales.   Ceryle

Genre **CERYLE**

a Couleur du dessus non métallique.
Dos cendré bleuâtre tacheté de blanc.   C. torquata
b Couleur du dessus vert foncé métallique.
   b' Dessous roux en entier, une bande pectorale
verte chez le ♂.   C. inda
   b" Dessous roux, à milieu de l'abdomen blanc,
bande pectorale verte chez la ♀.   C. superciliosa
   b"' Dessous blanc, à bande pectorale rousse chez
le ♂, aile non maculée de blanc ou à peine.   C. amazona
   b"" Dessous blanc, à bande pectorale rousse
chez le ♂, verte chez la ♀, aile plus ou moins
maculée de blanc.   C. Cabanisi
   b""' Dessous blanc, bande pectorale large rousse
chez le ♂, deux vertes chez la ♀, tectrices
alaires non maculées de blanc.   C. americana

Famille **MOMOTIDÆ**

A Bec ordinaire non dilaté.
   A' La partie antéapicale de la baguette des deux
rectrices médianes dénudée.
     aª Couronne céphalique bleue.   Momotus'
     aᵇ Point de couronne céphalique bleue.   Urospatha
   A" Rectrices médianes barbées en entier. .   Baryphthengus
B Bec dilaté et aplati.   Prionirhynchus

Genre **MOMOTUS**

a Toute la partie postoculaire de la couronne céphalique saphirée, du roux sur la nuque.   M. brasiliensis

b Partie postérieure de la couronne céphalique
concolore à la frontale avec une bordure saphirée, point de roux à la nuque.
   b' Une bordure bleue sous le noir des joues.   M. nigrostephanus
   b" Point de bordure bleue sous le noir des joues.   M. æquatorialis

Famille GALBULIDÆ

A Bec fin, presque droit, graduellement rétréci vers
l'extrémité.
   A' Queue médiocre graduée.   Galbula
   A" Queue longue fort étagée, à rectrices médianes
      très longues et atténuées.   Urogalba
   A'" Queue coupée carrément.   Brachygalba
B Bec élargi, à extrémité fort atténuée, l'arête dor-
sale arquée.   Jacamerops
C Bec fort comprimé, élevé, à arête dorsale tran-
chante.   Galbacirhynchus

Genre GALBULA

a Bec tout noir.
   a' Vert doré en dessus, à sommet de la tête
      vert bleuâtre, gorge et poitrine vertes.   G. tombacea
   a" Rouge en dessus et sur la poitrine, sommet
      de la tête vert bronzé.   G. erythrothorax
b Bec jaune, à moitié terminale de la mâchoire noire.
   b' Sommet de la tête pourpré très obscur pas-
      sant au violâtre dans certaines directions de
      la lumière.   G. albirostris
   b" Sommet de la tête noir rougeâtre tirant au
      bleu sous certain jour.   G. chalcocephala

Genre BRACHYGALBA

a Gorge concolore à la poitrine, à peine striée de
blanchâtre.   B. inornata
b Gorge blanche.   B. albigularis

Famille **BUCCONIDÆ**

A Queue dépassant beaucoup le bout des ailes.
   A' Bec droit, voûté, à dos de la mâchoire courbé fortement dans sa partie terminale, dessous de la mandibule arqué vers le haut.   Bucco
   A'' Bec comprimé non voûté, droit, courbé à l'extrémité; l'extrémité de la mandibule courbée en bas.
      *A*ª Plumes de la base de la mandibule allongées, lancéiformes, formant de chaque côté une moustache saillante.   Malacoptila
      *A*ᵇ Plumes de la gorge longues, à barbes désunies recourbées en avant; aile armée d'une courte épine cornée.   Monasa
      *A*ᶜ Bec faible, à extrémité de la mandibule à peine courbée, plumes de la base de la mandibule criniformes recourbées sur les côtés.   Nonnula
B Ailes longues atteignant l'extrémité de la queue.   Chelidoptera

Genre **BUCCO**

a Parties supérieures du corps noires.
   a' Tête immaculée au sommet.
      *a*ª Devant du front finement blanc, sous-alaires noires.   B. macrorhynchus
      *a*ᵇ Front longuement blanc, sous-alaires noires traversées d'une raie oblique blanche.   B. hyperrhynchus
   a'' Tête maculée au sommet de blanc.
      *a*ª Longueur de l'aile, 8,5 centimètres.   B. picatus
      *a*ᵇ Longueur de l'aile, 7 centimètres.   B. collaris
b Parties supérieures du corps brunes, à sommet de la tête plus ou moins roussâtre.
   b' Bec noir.
      *b*ª Demi-collier nucal fauve roussâtre, une large bande noire au-dessous de la gorge.   B. macrodactylus
      *b*ᵇ Demi-collier nucal blanc prolongé jusqu'à la naissance du bec, grosses taches noires sur la poitrine et l'abdomen.   B. pulmentum
      *b*ᶜ Dessous blanc crème varié de stries noires en forme de pinceau.   B. lanceolatus
   b'' Bec jaune.
      Collier nucal blanc, rectrices rayées en travers de fauve.   B. chacuru

Genre MALACOPTILA

a Plumage du corps non strié ni tacheté.
Dessus du corps roux brunâtre, tête gris plombé
strié très finement de blanc.   M. RUFA
b Plumage du corps plus ou moins strié.
  b' Brun strié de fauve.   M. FUSCA
  b" La poitrine et le haut de l'abdomen noirs
   striés de blanc.   M. FULVOGULARIS

Genre MONASA

a Bec jaune.   M. FLAVIROSTRIS
b Bec rouge.
  b' Front blanc, menton blanc très finement.   M. PERUANA
  b" Front noir.   M. NIGRIFRONS

Genre NONNULA

a Sommet de la tête roux marron.   N. RUFICAPILLA
b Sommet de la tête concolore au dos, dessous
 roux, à milieu du ventre ocreux.   N. BRUNNEA

Famille CAPITONIDÆ

Genre CAPITO

Bec comprimé, dilaté à la base, à dos élevé entre
les narines, pointu à l'extrémité, mâchoire dépassant un peu l'extrémité de la mandibule, première
rémige très courte.
a Dessus noir tacheté de jaune, dessous jaune.
  a' Gorge orangée, sommet de la tête olive jaunâtre.   C. AURATUS
  a" Gorge rouge orangée, front longuement lavé
   de rouge.   C. AMAZONICUS
b Dessus brun olivâtre, sommet de la tête rouge

vermillon, gorge largement jusqu'au milieu de
la poitrine orangée.   C. AUROVIRENS

e Vert ou vert olive en dessus.
   c' Demi-collier nucal jaune verdâtre.   C. AURANTIICOLLIS
   c'' Demi-collier nucal bleu.
     *c*ᵃ Bas des joues largement bleu.   C. VERSICOLOR
     *c*ᵇ Bas des joues jaune.
       *c*α Haut de la gorge rouge, bas de cette
         partie bleu.   C. GLAUCOGULARIS
       *c*β Gorge rouge sans rien de bleu.   C. STEERI

Famille RHAMPHASTIDÆ

A Bec énorme, à narines percées dans la face postérieure de l'élévation basale, queue à rectrices
égales.   RHAMPHASTOS
B Narines basales percées au sommet du bec, queue
étagée, à rectrices peu larges.
   B' Bec long et gros, à sommet aplati à la base,
narines percées sur la face dorsale du bec,
queue assez longue.   PTEROGLOSSUS
   B'' Bec et queue beaucoup moins longs, une grosse
tache jaune sur les oreilles.   SELENIDERA
   B''' Bec médiocre plus ou moins sillonné sur les
côtés, à narines basales situées plus bas que
le sommet du bec, et ordinairement dans une
fosse, couleur générale du plumage vert pré.   AULACORHAMPHUS
   B'''' Bec médiocre et large comparativement, non
sillonné, à base dorsale un peu élevée entre
les narines.   ANDIGENA

Genre RHAMPHASTOS

a Sus-caudales jaunes.
   a' Poitrine blanche, bec noir, à côtés convexes.   RH. CUVIERI
   a'' Poitrine blanche, bec noir, à côtés plats.   RH. CULMINATUS
   a''' Poitrine blanc jaunâtre bordée de rouge, bec
noir varié de jaune et de rouge.   RH. INCA
b Sus-caudales blanches, poitrine jaune soufre
bordée en dessous de rouge, bec à moitié oblique
jaune.   RH. TOCARD
c Sus-caudales rouges, poitrine orangée bordée
de soufré, joues blanches, bec noir.   RH. VITELLINUS

Genre **PTEROGLOSSUS**

a Plumes du sommet de la tête frisées, transfor-
   mées à l'extrémité en une lamelle cornée.   Pt. Beauharnaisii
b Plumes du sommet de la tête normale.
   b' Une large bande jugulaire rouge.
     *b*ᵃ Bec blanc d'ivoire, à bord noir dans la
      mâchoire.   Pt. flavirostris
     *b*ᵇ Bec jaunâtre avec une raie gris olivâtre
      sur le bas des côtés de la mâchoire.   Pt. Azaræ
   b'' Une large bande rouge en travers de l'ab-
    domen.   Pt. castanotis
   b''' Une large bande pectorale noire, l'abdomi-
    nale rouge.   Pt. pluricinctus
   b'''' Point de rouge en dessous.   Pt. Humboldti

Genre **SELENIDERA**

a Bec noir, à base rougeâtre, flancs de l'abdomen
   safranés variés de rougeâtre.   S. Reinwardti
b Bec noir, à base cornée, flancs de l'abdomen
   jaune orangé.   S. Langsdorffi
c Bec à mandibule olive à la base même, puis
   d'un blanc d'ivoire, à tache antéapicale noirâtre,
   l'extrémité blanc jaunâtre.   S. Gouldi

Genre **ANDIGENA**

a Bec jaune à la base, avec une bande transver-
   sale noire, tout le dos et l'extrémité de la mâchoire rouge, l'extrémité de la mandibule noire. A. hypoglaucus
b Bec rouge à la base, noir au dos et à l'extré-
   mité, avec une lamelle latérale blanc d'ivoire.   A. lamellirostris

Genre **AULACORHAMPHUS**

a Du rouge au croupion.
   a' Base du bec à bordure blanche.   A. hæmatopygius
   a'' Bec corné bleuâtre à la base sans bordure
    basale.   A. cæruleicinctus
b Croupion sans rouge.
   b' Gorge noire, sous-caudales marron.   A. atrigularis
   b'' Gorge blanche, sous-caudales vertes.   A. derbianus

Famille **TROGONIDÆ**

A Front lisse, tectrices sus-caudales courtes.   Trogon

B Front à plumes tournées vers le devant, formant souvent une crête plus ou moins développée, sus-caudales fort prolongées.   Pharomacrus

Genre **TROGON**

a Dessous du corps rouge.

    a' Queue noire, à rectrices médianes vertes en dessus, externes mouchetées très faiblement de blanchâtre.   T. melanurus

    a''' Queue rayée en travers de blanc sur les rectrices latérales.

      *a*ᵃ Raies blanches de la queue et des tectrices alaires aussi larges que les noires.   T. collaris

      *a*ᵇ Raies blanches fines sur la queue et les tectrices alaires.

       *a*α Le vert de la tête, de la poitrine et du croupion bleuâtre.   T. heliothrix

       *a*β Le vert de la tête et de la poitrine fort doré.   T. propinquus

       *a*γ Le vert du dos doré, le sommet de la tête et la poitrine d'un saphiré passant au violet.   T. variegatus

b Dessous du corps jaune.

    b' Dos vert, tête et poitrine saphirés.

      *b*ᵃ Tectrices alaires d'un noir uniforme.   T. viridis

      *b*ᵇ Tectrices alaires vermiculées finement de blanc.   T. ramonianus

    b'' Dessus du corps vert.

      *b*ᵃ Sommet de la tête concolore au dos, poitrine verte.   T. atricollis

      *b*ᵇ Tête toute noire, poitrine saphirée.   T. caligatus

Genre **PHAROMACRUS**

a Une longue crête élevée au front, deux rectrices de chaque côté blanches.   Ph. antisiensis

b Point de crête proéminente, rectrices latérales noires.

    b' Les grandes sus-caudales dépassant l'extrémité des rectrices.   Ph. auriceps

    b'' Les grandes sus-caudales n'atteignant pas l'extrémité des rectrices.   Ph. pavoninus

Famille **CUCULIDÆ**

A Bec très haut, fort comprimé, à arête dorsale fort
élevée, les narines percées dans la moitié infé-
rieure des faces latérales.   Crotophaga
B Bec fort, ailes courtes arrondies au bout, à septième, huitième et neuvième rémiges égales et les
plus longues, tarse élevé.   Neomorphus
C Bec court ou médiocre légèrement arqué, à dos
arrondi, tarse plus long que le doigt le plus long.
  C' Bec court comprimé, quatrième rémige la plus
    longue, dessus du corps tacheté.   Diplopterus
  C" Bec médiocre, cinquième ou sixième rémige la
    plus longue, queue longue fort étagée, à rec-
    trices larges.   Piaya
  C'" Bec médiocre, troisième rémige la plus longue,
    queue longue, à rectrices peu larges.   Coccyzus

Genre **CROTOPHAGA**

a Bec plus court que la tête.
  a' Bec à côtés non sillonnés.   C. ani
  a" Bec à côtés sillonnés.   C. sulcirostris
b Bec plus long que la tête.   C. major

Genre **PIAYA**

a Sommet de la tête cendré bleuâtre.   P. melanogastra
b Sommet de la tête concolore au dos.
  b' Abdomen cendré clair, bas-ventre noirâtre,
    taille forte.   P. cayana nigricrissa
  b" Abdomen gris roussâtre, taille petite.   P. minuta

Genre **COCCYZUS**

a Bande sous-oculaire noire.   C. melanocoryphus
b Bande sous-oculaire nulle.   C. erythrophthalmus

Famille **PSITTACIDÆ**

A Queue étagée, à rectrices atténuées aiguës à l'extrémité.

   A' Tour de l'œil et joues dénudés, ailes moins longues que la queue.   Ara

   A'' Lores emplumés, tour de l'œil dénudé, ailes aussi longues ou moins longues que la queue.   Conurus

   A''' Toute la tête emplumée, deuxième rémige la plus longue, troisième à peine plus courte.

      AA Queue plus courte que l'aile, bec comprimé.   Brotogerys

      AB Queue un peu plus courte que l'aile, bec voûté, à dos arrondi.   Bolborhynchus

      AC Queue faiblement arrondie, courte, mesurant à peine la moitié de la longueur de l'aile, à rectrices aiguës au bout.   Psittacula

B Queue courte, large, à rectrices plus ou moins arrondies à l'extrémité.

   B' Bec gros, à dos un peu aplati à la base même et enfoncé en une gouttière très courte, les rectrices subaiguës au bout.   Pachynus

   B'' Bec aussi élevé à la base que long, rectrices subaiguës à l'extrémité, les trois premières rémiges les plus longues.   Urochroma

   B''' Bec à dos aplati traversé par une longue gouttière.

      BA Deuxième et troisième, ou deuxième, troisième et quatrième rémiges les plus longues, sous-caudales rouges.   Pionus

      BB Dans l'aile deuxième et quatrième rémiges les plus longues, sous-caudales vertes.   Chrysotis

      BC Queue un peu plus longue que la moitié de l'aile, sommet de la tête le plus souvent noir, sous-caudales jaunes ou vertes.   Caïca

Genre **ARA**

   a Couleur principale rouge, grandes tectrices alaires jaunes.   A. macao

   b Dessus bleu, dessous jaune.   A. ararauna

   c Couleur principale verte.

      c' Front rouge.

         c² Tout le dessous vert uniforme.   A. militaris

    c^b Sommet de la tête vert bleuâtre, à front
      rouge brunâtre foncé.   A. SEVERA
    c'' Tout le sommet de la tête céladon grisâtre.   A. COULONI

GENRE CONURUS

a Couleur principale verte.
  a' Toute la tête verte, sous-alaires rouges.   C. GUIANENSIS
  a'' Toute la tête brun grisâtre enduite de bleu.   C. WEDDELLI
  a''' Du rouge sur la tête.
    a^a Front rouge.
      $a\alpha$ Pli de l'aile rouge, grandes sous-alaires
        gris enduit de jaunâtre.   C. FRONTATUS
      $a\beta$ Pli de l'aile vert, lores et tour de l'œil
        rouge.   C. MITRATUS
    a^b Front et côtés de la tête rouges.   C. ERYTHROGENYS
b Queue d'un rouge obscur.
  b' Tectrices du bord de l'aile d'un rouge ver-
    millon.
    b^a Queue d'un rouge brun foncé en dessus.   C. SOUANCEI
    b^b Queue verte en dessus.   C. RUPICOLA
  b'' Tectrices du bord de l'aile d'un rouge ver-
    millon, à extrémités jaunes.   C. MELANURUS
  b''' Tectrices du bord de l'aile vertes ou bleues.
    b^a Tache auriculaire jaune isabelle, devant
      du front rosé.   C. ROSEIFRONS
    b^b Joues rouge brunâtre.   C. LUCIANI

GENRE BROTOGERYS

a Grandes tectrices alaires vertes.
  a' Côtés de la tête gris blanchâtres, sous-alaires
    miniacées.   B. PYRRHOPTERA
  a'' Côtés de la tête verts, front jaunâtre, tache
    mentonnière orangée roussâtre.   B. JUGULARIS
  a''' Le devant de la tête et une strie sous-ocu-
    laire jaunes.   B. TUI
b Quelques-unes des grandes tectrices alaires
  blanches ou jaunes.
  b' Grandes tectrices secondaires jaunes, ré-
    miges vertes.   B. XANTHOPTERA
  b'' Grandes tectrices secondaires jaunes, ré-
    miges médianes blanches.   B. VIRESCENS

GENRE BOLBORHYNCHUS

a Devant du visage et dessous du corps plus ou
  moins jaune.   B. AURIFRONS

b Tout le plumage vert, queue peu étagée, à rectrices peu atténuées à l'extrémité. B. ANDICOLA

GENRE PSITTACULA

a Croupion vert, bec épais. P. CRASSIROSTRIS
b Croupion bleu.
  b' Point de bleu sur la tête.
    *b*ᵃ Dans les rémiges secondaires le bleu de
      ciel prolongé jusque près de l'extrémité
      des pennes. P. PASSERINA
    *b*ᵇ Dans les rémiges secondaires le bleu saphir
      s'arrêtant à une grande distance du bout
      des pennes. P. SCLATERI
  b'' Bande bleue postoculaire. P. CŒLESTIS

GENRE PIONUS

a Tête bleue. P. MENSTRUUS
b Tête d'un rouge sale, squamulé de foncé sur les
côtés. P. TUMULTUOSUS

GENRE CHRYSOTIS

a Sommet et côtés de la tête verdâtres.
  a' Point de rouge sur la barbe interne des rec-
    trices, le vert comme poudré de farine, à
    bordures des plumes violâtres. CH. FARINOSA
  a'' Du rouge sur les rectrices, bordures noirâtres
    sur les plumes du cou. CH. MERCENARIA
b Croupion rouge, point de rouge sur les rémiges. CH. FESTIVA
c Front bleu, côtés de la tête jaunes, du rouge
aux rectrices. CH. AMAZONICA
d Tête verte avec une grosse tache jaune au milieu
du sommet. CH. OCHROCEPHALA

GENRE CAICA

a Sommet d'un rouge brique, côtés de la tête, cou
antérieur, flancs et sous-caudales jaunes. C. XANTHOMEROS
b Du noir sur la tête.
  b' Toute la tête noire. C. HISTRIO
  b'' Tête noire avec une grosse tache génale
    jaune. C. BARRABANDI
  b''' Sommet de la tête noirâtre, une ligne verte
    au-dessous des yeux. C. MELANOCEPHALA

Famille **COLUMBIDÆ**

A Première rémige non atténuée.
    A' Tarse court emplumé dans la moitié supérieure,
        deuxième et troisième rémiges égales et les
        plus longues, queue ample arrondie.   Columba
    A" Taille petite, queue courte arrondie.
        Aa Orbites dénuées.
            Aα Deuxième rémige la plus longue, queue
                non terminée de blanc.   Metriopelia
            Aβ Deuxième et troisième rémiges les plus
                longues et égales, rectrice externe ter-
                minée longuement de blanc.   Gymnopelia
        Ab Orbites non dénuées, des bandes et des
            taches métalliques sur l'aile.   Chamæpelia
    A''' Ailes assez longues, queue plus ou moins
        allongée.
        Aa Orbites dénuées, queue arrondie.   Melopelia
        Ab Queue cunéiforme, à rectrices médiocrement
            étagées, deuxième rémige la plus longue.   Zenaïda
    A"" Tarse élevé, robuste, dénué; ailes courtes,
        à deuxième, troisième et quatrième rémiges
        égales et les plus longues, queue courte.   Geotrygon
B Première rémige atténuée dans sa partie terminale.
    B' Troisième et quatrième rémiges les plus longues,
        point de taches métalliques sur l'aile.   Leptoptila
    B" Troisième rémige la plus longue, des taches
        métalliques sur l'aile.   Peristera

Genre **COLUMBA**

a Tout le cou et le dessous du corps squamulé de
   foncé.   C. speciosa
   Cou non squamulé.
    b' Demi-collier nucal blanc, cou postérieur mé-
        tallique brillant.   C. albilinea
    b" Des taches fauves subarrondies au cou pos-
        térieur.   C. plumbea
    b''' Point de taches ni bandes au cou postérieur.
        b' Tectrices alaires bordées à l'extérieur de
            blanc.   C. albipennis
        b" Dessus fuligineux foncé; tête, cou et des-
            sous vineux.   C. vinacea

b^c Tout le plumage vineux, bec court. — C. SUBVINACEA

b^d Dos roux rougeâtre, à éclat violet; le cervix, la nuque et le cou postérieur métallique brillant, gorge et joues cendrées. — C. RUFINA

Genre METRIOPELIA

a Tectrices supérieures de la queue atteignant l'extrémité des rectrices, une tache métallique sur l'aile. — M. AYMARA

b Tectrices sus-caudales beaucoup plus courtes que les rectrices, point de tache métallique sur l'aile. — M. MELANOPTERA

Genre CHAMÆPELIA

a Sous-alaires rousses.
  a' Poitrine squamulée. — CH. PASSERINA
  a" Poitrine non squamulée ni tachetée. — CH. GRISEOLA
b Sous-alaires internes noires, externes grises.
  b' Dessus du corps gris.
    b^a Bande antérieure de l'aile rouge obscur, les autres taches alaires noir bleuâtre. — CH. CRUZIANA
    b^b Toutes les taches alaires noir bleuâtre. — CH. BUCKLEYI
  b" Plumage général cannelle rougeâtre. — CH. TALPACOTI

Genre PERISTERA

a Rectrices externes blanches à l'extrémité.
  a' Les deux bandes alaires postérieures marron violâtre. — P. GEOFFROYI
  a" Toutes les trois bandes alaires saphirées. — P. MONDETOURA
b Rectrices noires jusqu'à l'extrémité. — P. CINEREA

Genre LEPTOPTILA

a Tout le côté de la tête ocreux, une nuance vinacée assez forte sur la poitrine, éclat rouge violâtre au bas du cou postérieur. — L. RUFAXILLA

b Éclat vert tirant au bleuâtre au bas du cou postérieur. — L. OCHROPTERA

c Point d'ocreux sur les joues, la nuque étant d'une nuance rosée, point de vineux sur la poitrine. — L. VERREAUXI

Genre **GEOTRYGON**

a Tout le dessus roux violet, poitrine vineuse.　　G. montana
b Dessus brun roussâtre, joues rosées bordées en
　dessous d'une ligne noire.
　　b' Sommet de la tête cendré bleuâtre.　　G. Bourcieri
　　b" Sommet de la tête gris lavé de rosé.　　G. frenata

Famille **OPISTHOCOMIDÆ**

Bec épais, côtés de la tête dénués, plumes cervi-
　cales et nucales longues, linéaires, raides, légè-
　rement courbées en avant formant une huppe
　élevée; queue longue arrondie.　　Opisthocomus

Famille **CRACIDÆ**

A Bec plus ou moins épais, le plus souvent muni à
la base d'un tubercule frontal.
　A' Oiseaux à tubercule frontal.
　　AA Tubercule médiocre couvert d'une cire,
　　　plumes du sommet de la tête et de la nuque
　　　élevées, à extrémité courbée en avant.　　Crax
　　AB Tubercule corné énorme, tête non huppée.　　Pauxis
　A" Point de tubercule frontal.
　　AA Bec fort élevé, comprimé au sommet, tête
　　　non huppée.　　Mitua
　　AB Bec non élevé au sommet, une huppe de
　　　plumes allongées non recourbées disposées
　　　le long de tout le sommet de la tête.　　Urumutum
B Bec médiocre plus allongé, sans tubercule frontal,
gorge et devant du cou le plus souvent plus ou
moins dénués.
　B' Les côtés de la tête, la gorge et le haut du de-
　　vant du cou dénués et parsemés de plumules
　　criniformes rares; un pli cutané plus ou moins
　　développé le long du milieu du cou.
　　BA Plumes du milieu du sommet de la tête
　　　larges et arrondies.　　Penelope

BB Plumes du sommet de la tête allongées,
    presque linéaires, aiguës au bout, blan-
    châtres.   Pipile

B'' Gorge et devant du cou emplumés.
  BA Les lores et les joues déplumés, point de
    fanon jugulaire.   Chamæpetes
  BB Tout le côté de la tête emplumé, excepté
    une bordure au-dessous de l'œil, sur son
    devant et en arrière, un fanon cylindrique
    sur le milieu du cou supérieur.   Aburria

B''' Côtés de la tête et côtés de la gorge dénués,
    les plumes du cou supérieur aiguës à l'extré-
    mité.   Ortalida

Genre **PENELOPE**

a Rémiges primaires blanches.   P. albipennis
b Rémiges primaires non blanches.
  b' Tête sans stries blanches.
    *b*ᵃ La peau des côtés de la tête parsemée de
    petites plumules; point de roux sur l'ab-
    domen.   P. jacucaca
    *b*ᵇ Côtés de la tête parfaitement dénués; des
    bordures fines blanches sur les plumes
    frontales.   P. boliviana
  b'' Des bordures blanches sur toutes les plumes
    de la tête.   P. sclateri

Genre **CHAMÆPETES**

a Peau nue des côtés de la tête aussi large et
    aussi longue que dans les pénélopes vraies, le
    roux du dessous commençant sur la région ju-
    gulaire.   Ch. Tschudii
b Peau nue des côtés de la tête étendue en des-
    sous jusqu'au niveau du milieu de l'œil, puis
    entourant finement l'œil; le roux du dessous ne
    commençant qu'au bas de la poitrine.   Ch. rufiventris

Famille THINOCORIDÆ

A Queue cunéiforme, à rectrices terminées de blanc. Thinocorus
B Queue arrondie, à rectrices non terminées de blanc. Attagis

Genre THINOCORUS

a Chez le mâle, cou cendré plombé séparé du blanc
   de la poitrine par une bánde noire, une bordure
   noire sur les côtés et au-dessous du blanc de la
   gorge.   Th. orbignyanus
b Chez le mâle, devant du cou cendré pâle séparé
   en dessous du blanc de la poitrine par une bande
   noire réunie avec la bordure gûlaire par une
   bande noire passant le long du milieu du cou.   Th. rumicivorus

Famille TETRAONIDÆ

Bec court, épais, comprimé, à dos fort arqué;
  doigts longs, à ongles longs aigus et peu courbés;
  queue courte et arrondie; lores et tour des yeux
  plus ou moins dénués.   Odontophorus

Genre ODONTOPHORUS

a Gorge et côtés de la tête noirs; dessous du
   corps roux.   O. speciosus
b Gorge non noire.
   b' Gorge et côtés de la tête roux.   O. pachyrhynchus
   b'' Gorge et côtés de la tête cendrés.   O. stellatus
   b''' Une raie noire transoculaire bordée des deux
      côtés d'une raie roux intense parcourant au-
      dessus et au-dessous des yeux.   O. Balliviani

Famille **TINAMIDÆ**

A Pouce distinct.

   A' Bec presque droit ou à peine courbé, à extrémité de la mâchoire fort courbée en le faisant très obtus; ongles courts et larges.

      AA Queue courte, à rectrices larges, couvertes par les tectrices jusqu'à leur extrémité ou les dépassant un peu.   TINAMUS

      AB Queue nulle ou courte, les tectrices dépassant toujours l'extrémité des rectrices lorsqu'elles existent.   CRYPTURUS

   A'' Bec courbé et atténué graduellement jusqu'à son extrémité qui est subaiguë ou arrondie au bout; queue nulle; ongles assez longs et médiocrement courbés.   NOTHOPROCTA

B Pouce nul.   TINAMOTIS

Genre **TINAMUS**

a Sommet de la tête roux, fond du plumage olive. T. RUFICEPS

b Sommet de la tête noirâtre, fond du plumage cendré. T. KLEEI

c Sommet de la tête cendré strié de noir, dos brun olive, à région interscapulaire rougeâtre. T. GUTTATUS

d Sommet de la tête noir, une grosse tache brun roussâtre derrière l'œil. T. ATROCAPILLUS

Genre **CRYPTURUS**

a Rémiges secondaires immaculées.

   a' Dessus du corps brun rougeâtre; sommet de la tête fuligineux foncé, pâle sur la gorge; dessous roux, plumes des côtés du bas-ventre bordées de fauve. C. OBSOLETUS

   a'' Dessus brun foncé un peu rougeâtre; tête fuligineuse, à gorge blanche; plumes du bas-ventre bordées de blanc. C. TATAUPA

   a''' Dessus roux brunâtre; tête plombée, à gorge blanche; dessous gris, à plumes du bas-ventre bordées de blanc. C. PARVIROSTRIS

   a'''' Dessus brun roussâtre; tête ardoisé foncé lavé de rougeâtre au sommet, gorge blanche;

poitrine cendré grisâtre, abdomen blanchâtre,
le tout varié d'une vermiculation brune.   C. Balstoni
b Rémiges secondaires variées d'une série de
taches claires.
   b' Dessus du corps non rayé en travers.
     ba Brun fuligineux en entier, taches aux ré-
      miges secondaires peu prononcées.   C. cinereus
     bb Brun rougeâtre pâle tirant au violet, varié
      de quelques petites bordures noirâtres au
      milieu du dos et les scapulaires posté-
      rieures.   C. rubripes
   b'' Dessus du corps plus ou moins rayé en travers.
     ba Dos brun ocreux rayé en travers de noir ;
      tectrices alaires plus noires, à raies
      ocreuses moins nombreuses.   C. Bartletti
     bb Bas du dos et croupion rayés en travers
      de noir et de roux.   C. noctivagus

Genre **NOTHOPROCTA**

a Région jugulaire et poitrine cendré immaculé.   N. Branickii
b Rémiges secondaires roux cannelle rayé de noir.   N. curvirostris
c Taille forte, poitrine maculée.
   c' Ocelles jugulaires fauves entourées de noir
   sur un fond cendré.   N. Taczanowskii
   c'' Taches jugulaires brun noirâtres subcordi-
   formes bordées de fauve pâle et de roussâtre
   sur un fond gris roussâtre sale.   N. Godmani

Famille **PALAMEDEIDÆ**

Aile armée de deux fortes épines cornées, front
surmonté d'une longue baguette cornée.   Palamedea

Famille **RALLIDÆ**

A Doigt médian avec l'ongle plus court que le tarse. Aramides
B Doigt médian avec l'ongle plus long que le tarse.
   B' Arête dorsale de la mâchoire non élargie en plaque cutanée frontale.
      BA Bec plus long que la tête. Rallus
      BB Bec plus court que la tête. Porzana
   B'' Arête dorsale de la mâchoire élargie en une plaque frontale cutanée couvrant le front au moins jusqu'au milieu des yeux.
      BA Doigts pourvus sur les côtés d'un rebord étroit et continu.
         Ba Plaque frontale atténuée et acuminée en arrière. Porphyriops
         Bb Plaque frontale large, arrondie ou coupée carrément en arrière. Gallinula
      BB Doigts garnis sur les côtés d'une membrane large partagée en festons. Fulica

Genre **ARAMIDES**

a Poitrine et abdomen roux. A. cayennensis
b Poitrine et abdomen plombé bleuâtre. A. saracura

Genre **RALLUS**

a Dessus du corps varié de grosses flammèches foncées.
   a' Dessous du corps plombé.
      *a*ᵃ Tectrices alaires olives. R. peruvianus
      *a*ᵇ Tectrices alaires rousses. R. semiplumbeus
   a'' Dessous du corps roussâtre.
      *a*ᵃ Tectrices alaires grises. R. cypereti
      *a*ᵇ Tectrices alaires rousses. R. virginianus
b Dessus du corps immaculé.
   b' Une tache rouge sur les côtés du bec. R. cæsius
   b'' Point de rouge à la base du bec. R. nigricans

Genre **PORZANA**

a Dos et ailes tachetés de blanc.
   a' Taches blanches fines longitudinales; le de-

vant du visage, une raie gulaire et une autre
   céphalique noirs.   P. CAROLINA
  a″ Taches blanches transversales; point de noir
     au visage et à la gorge.   P. JAMAÏCENSIS
b Dos et ailes non tachetés de blanc.
  b′ Du roux sur la tête.
    *b*ᵃ Nuque et cou postérieur largement roux. P. CINEREA
    *b*ᵇ Le sommet de la tête et tout le dessous
      du corps roux.   P. CAYENNENSIS
    *b*ᶜ Tête, cou entier et poitrine roux rougeâtre. P. HAUXWELLI
    *b*ᵈ Une large strie rousse de chaque côté du
      front.   P. FACIALIS
  b″ Point de roux sur la tête ni ailleurs, dessous
    du corps plombé.   P. ERYTHROPS

Genre **FULICA**

a Taille forte, scutelle frontale fort renflée jaune,
  bec rouge.   F. GIGANTEA
b Taille médiocre, scutelle frontale renflée jaune
  pâle, bec jaune rougeâtre.   F. ARDESIACA

Famille **PARRIDÆ**

Pli de l'aile armé d'une épine aiguë cornée,
  doigts très longs et grêles, à ongles très longs
  et fins.   PARRA

Famille **ŒDICNEMIDÆ**

Pattes élevées, à trois doigts; tête grosse, à œil
  gros de couleur claire; bec à arête dorsale proéminente arrondie, couvert à la base d'une cire
  jusqu'aux narines.   ŒDICNEMUS

Famille **CHARADRIIDÆ**

A Dos et ailes à couleurs métalliques très fortes.	Vanellus
B Rien de métallique au plumage.	
B' Pattes à pouce plus ou moins développé.	
BA Bec graduellement atténué jusqu'au bout, sans enflure dorsale devant la fosse nasale, comprimé, légèrement recourbé en haut.	Strepsilas
BB Bec droit, renflé devant la fosse nasale, à extrémité un peu courbée en bas.	
Ba Pouce assez long, pointe du bec émoussée.	Aphriza
Bb Pouce court, fin, à ongle très petit, extrémité du bec pointue.	Squatarola
B'' Pouce nul.	
BA Une épine cornée courte au pli de l'aile.	Hoplopterus
BB Épine alaire nulle.	
Ba Bec très fin, à enflure terminale très faible, doigts courts plus de deux fois moins longs que le tarse.	Oreophilus
Bb Dos du bec distinctement élevé au-devant de la fosse nasale.	
*b*¹ Le dos et les tectrices alaires maculés.	Charadrius
*b*² Le dos et les tectrices alaires non maculés.	Ægialitis
Bc Bec long, fort comprimé graduellement jusqu'à l'extrémité, à deux mandibules terminées en coin tranchant.	Hæmatopus

Genre **VANELLUS**

a Pouce développé, une huppe cervicale.	V. occidentalis
b Pouce nul, point de huppe.	V. resplendens

Genre **ÆGIALITIS**

a Deux bandes noires, dont une collaire et l'autre pectorale.	Æ. vocifera
b Une bande noire collaire.	
b' Bec jaune à la base.	Æ. semipalmatus
*b*² Bec tout noir.	
bα Bec épais, point de roux sur la tête et le cou.	Æ. Wilsonia
bβ Bec faible, du roux au cervix et sur les côtés du cou.	Æ. collaris
c Point de bande collaire.	Æ. nivosa

Genre **HÆMATOPUS**

a Tout le plumage foncé presque uniforme.   H. ater
b Miroir alaire, poitrine et abdomen blancs, dos brun.   H. palliatus

Famille **SCOLOPACIDÆ**

A Pouce nul.
  A' Pattes courtes.
    AA Doigt médian avec l'ongle plus court que le tarse.   Calidris
    AB Doigt médian avec l'ongle plus long que le tarse, des bandes blanchâtres en travers du sommet de la tête.   Phægornis
  A" Pattes fort longues.   Himantopus
B Pouce plus ou moins développé.
  B' Doigts antérieurs réunis à la base par une membrane plus ou moins développée sans lobes dans leur partie libre.
  BA Bec non élargi près de l'extrémité, à mâchoire courbée subitement au bout même.
    Ba Bec épais, membranes interdigitales fort développées jusqu'au niveau de la première articulation.   Symphemia
    Bb Bec faible, membrane rudimentaire entre le doigt médian et l'interne.
      Bα Queue à rectrices presque égales, bec beaucoup plus long que la tête.   Totanus
      Bβ Queue à rectrices plus ou moins étagées.
        B1 Doigt médian avec l'ongle presque égal au tarse.   Actitis.
        B2 Doigt médian avec l'ongle moins long que le tarse.
          *B** Membrane entre le doigt externe et le médian bien développée.   Actiturus
          *B*** Membrane entre le doigt externe et le médian presque nulle.   Tringites
  BB Bec plus ou moins renflé dans sa partie terminale.

Ba Bec droit ou peu courbé, à extrémité lisse.

   Bα Pattes courtes.

      *B** Membranes interdigitales rudimentaires.   Tringa

      *B*** Membranes interdigitales plus développées.   Ereunetes

   Bβ Pattes élevées, membranes interdigitales, surtout l'externe, bien développées.   Micropalama

Bb Bec au moins deux fois aussi long que la tête, légèrement courbé en haut dans sa partie terminale.   Limosa

Bc Bec beaucoup plus long que la tête, plus ou moins arqué.   Numenius

Bd Bec couvert d'une membrane molle, se plissant dans la partie terminale après la mort.

   Bα Bec plus ou moins courbé à l'extrémité.   Rhynchæa

   Bβ Bec droit.

      B1 Doigt médian avec l'ongle plus court que le tarse.   Macrorhamphus

      B2 Doigt médian avec l'ongle plus long que le tarse; une ligne fauve le long du milieu du sommet de la tête.   Gallinago

BC Bec fort aminci à l'extrémité, fort recourbé en haut, membranes interdigitales fort développées, dépassant beaucoup dans leur milieu la première phalange.   Recurvirostra

B'' Membranes interdigitales fort développées, le reste des doigts bordé de lobes cutanés.   Phalaropus

Genre **TOTANUS**

a Fond du manteau gris, tacheté de blanchâtre et de noir.

   a' Taille forte, pattes olives.   T. melanoleucos

   a'' Taille médiocre, pattes jaunâtres.   T. flavipes

b Fond du manteau noir olivâtre tacheté de blanc.   T. solitarius

Genre **TRINGA**

a Dessous roux en noces, blanc en hiver; taille forte.   T. canutus

b Abdomen constamment blanc.
    b' Sus-caudales médianes largement noires.
        ba Rectrices médianes considérablement plus longues que les autres et atténuées à l'extrémité.
            ba Taille médiocre.   T. MACULATA
            bβ Taille petite.   T. MINUTILLA
        bb Rectrices médianes dépassant peu les autres.   T. BAIRDI
    b" Sus-caudales blanches.   T. FUSCICOLLIS

GENRE **GALLINAGO**

a Ventre blanc pur; taille petite.   G. ANDINA
b Ventre rayé de foncé; taille forte.   G. JAMESONI

FAMILLE **PSOPHIIDÆ**

Bec plus court que la tête, à narines ovalaires percées en travers; pattes élevées, à doigts courts; ongles courts et fort courbés; queue courte; tête et cou couverts de plumules veloutées et érigées.   PSOPHIA

GENRE **PSOPHIA**

a Plumes longues du dos inférieur gris cendré.   P. CREPITANS
b Plumes longues du dos inférieur blanches.   P. LEUCOPTERA

FAMILLE **ARAMIDÆ**

Bec deux fois aussi long que la tête, comprimé, droit, à extrémité de la mâchoire légèrement courbée; pattes élevées, à tarse plus long que le doigt médian; narines étroites percées en travers.   ARAMUS

FAMILLE **EURYPYGIDÆ**

Bec droit, comprimé, fendu jusqu'au-dessous des yeux, cou long et mince; pattes peu élevées; plumage nuancé par bandes et par lignes, imitant les beaux papillons de nuit.   EURYPYGA

Famille **ARDEIDÆ**

A Bec comprimé, aigu au bout; tibias dénués jusqu'à la moitié de la hauteur; côté postérieur du
cou emplumé.
   A' Cou long et fin; pattes élevées, à doigt médian
     moins long que le tarse.   Ardea
   A" Cou gros; pattes médiocrement élevées, à doigt
     médian avec l'ongle plus long que le tarse. Butorides
B Cou gros, doigt médian moins long que le tarse,
à doigt médian avec l'ongle plus long que le tarse. Nycticorax
C Partie dénuée des tibias très courte; cou couvert
de plumes longues, couvrant le côté postérieur
qui n'est que parsemé de duvet.
   C' Tarse plus long que le doigt médian avec
     l'ongle; doigt interne plus long que l'externe;
     ongles fort courbés.   Tigrisoma
   C" Tarse moins long que le doigt médian avec
     l'ongle; ongles faibles et peu courbés.   Ardetta

Genre **ARDEA**

a Plumage blanc.
   a' Point de huppe, taille forte.   A. egretta
   a" Huppe cervicale abondante, taille petite. A. candidissima
b Plumage général ardoisé bleuâtre, à tête plus
   ou moins vineuse; jeune oiseau blanc.   A. cærulea
c Ardoisé bleuâtre en dessus, à abdomen et poitrine blancs.   A. leucogastra
d Cendré en dessus, à sommet de la tête noir. A. Cocoi
e Bec très long, huppe longue et abondante cendré
   bleuâtre, plumes collaires fort atténuées et
   frisées.   A. agami

Genre **TIGRISOMA**

a Tête et cou roux vif.   T. brasiliense
b Tête et cou non roux.
   b' Gorge toute nue.   T. Cabanisi
   b" Gorge largement emplumée au milieu. T. Salmoni

Genre **NYCTICORAX**

a Tout le plumage blanchâtre, à sommet de la
   tête noir.   N. pileatus

b Dos et ailes cendré bleuâtre, à grosses stries
   noires.   N. VIOLACEUS
c Sommet de la tête et dos noir verdâtre métal-
   lique.
   c' Plumes longues de la huppe blanches, à ex-
       trémité noire.   N. AMERICANUS
   c'' Plumes longues de la huppe blanches jus-
        qu'au bout.   N. OBSCURUS

FAMILLE **CICONIIDÆ**

Bec énorme, élevé, tête et cou nus.   MYCTERIA

FAMILLE **CANCROMIDÆ**

Bec très gros, large, terminé par un onglet, pattes
médiocres, à pouce égal à la moitié des doigts
antérieurs.   CANCROMA

FAMILLE **PLATALEIDÆ**

Bec long, très plat et fort élargi près de l'extrémité.   PLATALEA

FAMILLE **TANTALIDÆ**

A Bec long, gros à la base, légèrement courbé à
   l'extrémité, glabre; pattes très élevées.   TANTALUS
B Bec long, plus ou moins courbé avec des sillons
   latéraux dans toute sa longueur.
   B' Tibias dénués jusque près de la moitié de leur
       longueur.
       BA Tarse couvert de scutelles dans sa partie
           médiane.
           *B*ᵃ Couleur des ailes et de la queue métal-
               lique.   FALCINELLUS
           *B*ʰ Unicolores sans rien de métallique.   EUDOCIMUS

BB Tarse réticulé dans toute sa longueur, moins
long que le doigt médian avec l'ongle.   Harpiprion
B'' Tibias très peu dénués au-dessus du talon,
pattes et doigts courts, queue longue cunéiforme.   Theristicus

Genre **HARPIPRION**

a Huppé.   H. cærulescens
b Non huppé.   H. cayennensis

Famille **PHŒNICOPTERIDÆ**

Pattes très élevées, à doigts antérieurs palmés en
entier, bords du bec garnis de lamelles cornées.   Phœnicopterus
a Lamelles de la mâchoire verticales.   Ph. ignipalliatus
b Lamelles de la mâchoire horizontales, mâchoire
fort atténuée.   Ph. andinus

Famille **FREGATIDÆ**

Membranes interdigitales courtes, ailes très
longues, queue longue profondément fourchue.   Fregata

Famille **PELECANIDÆ**

Bec très long et plat, terminé d'un onglet fort, sac
gulaire très dilaté, non plumé.   Pelecanus

Famille **PHALACROCORACIDÆ**

Bec droit, comprimé, terminé par un crochet fort
courbé, rectrices longues plates.   Phalacrocorax
a Queue à douze rectrices.
  a' Noir en entier avec une bordure blanche
  autour de la partie dénuée de la gorge et des
  joues.   Ph. brasiliensis

a'' Gorge, milieu de la poitrine et abdomen
blancs.   Ph. Bougainvillei
b Queue à quatorze rectrices; gris, grosse tache
blanche de chaque côté du cou.   Ph. Gaimardi

Famille SULIDÆ

Bec subconique, comprimé sur les côtés, à dos de
la mâchoire arqué à l'extrémité, terminé en
pointe.   Sula

Famille PLOTIDÆ

Bec droit comprimé, aigu à l'extrémité; queue
longue et plate, à surface des rectrices ondulée. Plotus

Famille PHAETHONIDÆ

Bec comprimé, aigu au bout, deux rectrices médianes fort prolongées et très étroites.   Phaëthon

Famille LARIDÆ

A Bec fort comprimé en lame tranchante, à mandibule terminée en coin tranchant, dépassant beaucoup la mâchoire.   Rhynchops
B Partie postnasale du bec plus longue que la basale,
à extrémité terminée en pointe; queue plus ou
moins fourchue.
    BA Membranes interdigitales échancrées au milieu. Sterna
    BB Membranes interdigitales non échancrées.   Nænia
C Partie postnasale du bec plus courte que la basale,
à dos arqué, l'extrémité plus ou moins courbée.
    CA Queue coupée carrément.   Larus
    CB Queue fourchue.   Xema
D Partie postnasale du bec fort raccourcie, à dos fort
arqué, une cire basale jusqu'à l'extrémité des
narines; queue à deux rectrices médianes plus
longues que les autres.   Stercorarius

GENRE **STERNA**

a Bec fin.
   a' Rectrices externes fort prolongées et atté-
      nuées à l'extrémité.
      *a*ᵃ D'un cendré perlé en dessous.
         *a*α Sommet de la tête noir.   S. MACRURA
         *a*β Sommet de la tête noir, à front et sour-
            cils blancs.   S. EXILIS
      *a*ᵇ D'un blanc pur en dessous.   S. HIRUNDINACEA
   a'' Rectrices externes dépassant peu les sub-
      externes.
      *a*ᵃ Sommet de la tête blanc sans huppe noire,
         ligne transoculaire noire.   S. TRUDEAUI
      *a*ᵇ Bec noir, front et sourcils blancs.   S. SUPERCILIARIS
b Bec élevé, plus ou moins épais.
   b' Cendré perlé clair en dessus.
      *b*ᵃ Bec jaune.   S. MAXIMA
      *b*ᵇ Bec rouge.   S. ELEGANS
   b'' Dos et bras fuligineux.   S. MAGNIROSTRIS

GENRE **LARUS**

a Tout le plumage fuligineux presque uniforme.   L. MODESTUS
b Tête blanche en été, dos et ailes noirâtres.   L. DOMINICANUS
c Un capuchon foncé sur la tête en été.
   c' Capuchon fuligineux, dos et ailes noirâtres,
      une bande noire antéapicale en travers du
      bec.   L. BELCHERI
   c'' Capuchon noir.   L. SERRANUS
   c''' Capuchon brun, rémiges primaires blanches
      jusqu'au bout.   L. GLAUCODES
   c'''' Capuchon plombé fuligineux plus foncé que
      le dos.   L. ATRICILLA
   c''''' Partie postérieure de la tête fuligineuse.   L. FRANKLINI
   c'''''' Capuchon cendré perlé plus clair que le dos.   L. CIRRHOCEPHALUS

GENRE **XEMA**

a Capuchon céphalique plombé bordé en dessous
   de noir.   X. SABINII
b Capuchon céphalique plombé, à bordure frontale blanche.   X. FURCATUM

GENRE **STERCORARIUS**

a Miroir alaire blanc.   S. CHILENSIS
b Point de miroir alaire.   S. POMATORHINUS

Famille **PROCELLARIIDÆ**

A Narines séparées entre elles, pouce nul.   DIOMEDEA
B Les deux narines dans un tube commun.
   BA Pouce plus ou moins distinct.
      B' Orifices nasaux situés au fond du tube.
         Bª Bec large déprimé dans la partie basale.   DAPTRION
         Bᵇ Bec médiocre, plus long et plus faible.   THALASSŒCA
         Bᶜ Bec court comprimé, ongles petits com-
            primés.
           Bα Queue faiblement échancrée.   OCEANITES
           Bβ Queue profondément fourchue.   CYMOCHOREA
      B'' Orifices nasaux ouverts à l'extrémité du
         tube, séparés entre eux.   NECTRIS
   BB Pouce nul, narines basales.   HALODROMA

Genre **DIOMEDEA**

a Queue noire, à base des rectrices blanche.   D. IRRORATA
b Queue blanche, à rectrices terminées de brun
   foncé sur leur barbe externe et sur les deux
   barbes dans les médianes.   D. EXULANS

Famille **ANATIDÆ**

A Tarse plus long que le doigt médian avec l'ongle.
   A' Dentelure de la mâchoire non visible à l'exté-
      rieur.
      AA Bec élevé à la base, deux fois moins long
         que la tête.   BERNICLA
      AB Bec moins de deux fois plus court que la
         tête.   CHENALOPEX
B Tarse moins long que le doigt médian avec l'ongle.
   B' Les lores et le tour des yeux non emplumés,
      couverts de caroncules charnues.   CAIRINA
   B'' Toute la tête emplumée.
      BA Pli de l'aile armé d'une épine cornée.   MERGANETTA
      BB Aile sans armure.
        Ba Membrane du pouce étroite.
          Bα Bec graduellement élargi vers l'extré-
            mité.   SPATULA

Bβ Bec non élargi vers l'extrémité.
    *B*1 Tarse élevé, doigts longs, point
       de miroir métallique.   Dendrocygna
    *B*2 Doigts courts, miroir alaire mé-
       tallique.
       Bx Queue assez longue, à rec-
          trices médianes plus ou moins
          atténuées.   Dafila
      Bxx Queue à rectrices peu iné- Anas
         gales.   Querquedula
  Bb Membrane du pouce élargie.
    Bα Queue courte à rectrices normales. Fuligula
    Bβ Queue à rectrices atténuées et raides. Erismatura

Genre **DENDROCYGNA**

a Tout l'abdomen noir, poitrine grise ondulée de
  fauve.   D. discolor
b Milieu de l'abdomen noir, devant de la tête blanchâtre.   D. viduata
c Abdomen roux.   D. fulva

Genre **QUERQUEDULA**

a Tectrices alaires bleues, miroir vert.   Q. cyanoptera
b Tectrices alaires grises.
  b' Sommet de la tête noir, côtés et gorge blancs. Q. puna
  b" Toute la tête ondulée finement de noir et de
    fauve.   Q. oxyptera

Genre **DAFILA**

a Côtés de la tête et gorge blancs, queue blanchâtre.   D. bahamensis
b Côtés de la tête fauves striés finement de brun;
  rectrices brunes bordées de fauve.   D. oxyura

Genre **MERGANETTA**

a Mâle, à poitrine et abdomen blanchâtres striés
  de noir.   M. leucogenys
b Mâle, à région jugulaire et flancs noirs, poitrine
  et abdomen gris vermiculés de foncé.   M. Turneri

Famille **HELIORNITHIDÆ**

Doigts garnis de membranes festonnées; queue
longue et plate, fort arrondie à l'extrémité.   Heliornis

Famille **PODICEPITIDÆ**

A Ailes normales.
  A' Bec plus ou moins faible.
    AA Tête huppée.
      Aa Taille forte.   Æchmophorus
      Ab Taille petite.   Podiceps
    AB Tête non huppée, taille petite.   Tachybaptus
  A'' Bec élevé, à dos fort arqué.   Podilymbus
B Ailes petites.   Centropelma

Genre **PODICEPS**

a Dessous du corps roux, tête noire, avec une
  grosse tache auriculaire blanche variée de noir. P. Rollandi
b Tout le dessous blanc, dessus de la tête gris, à
  nuque plus foncée, des plumules straminées sur
  la région auriculaire.   P. calliparæus

Famille **APTENODYTIDÆ**

Ailes impropres au vol couvertes de plumules
squamiformes; bec élevé comprimé, à dos de la
mâchoire fort arqué à l'extrémité.   Spheniscus

Famille **RHEIDÆ**

Pattes élevées, à trois doigts; ailes impropres au
vol.   Rhea

Dans le texte, la Palamédée est omise. Comme l'oiseau est généralement
connu, il nous suffit d'indiquer la notice suivante :

1350. — **Palamedea cornuta**

L., *S. N.*, I, p. 232 — Scl. et Salv., *P. Z. S.*, 1866, p. 200;
1873, p. 304.

Ucayali supérieur, Huallaga (Bartlett).

Dans le deuxième volume, p. 296, 29e et 30e lignes, *au lieu de* 55 milli
mètres, *lisez* 15 millimètres.

TABLE ALPHABÉTIQUE [*]

DES ESPÈCES ET DES SYNONYMES

A

(*) *Les noms spécifiques adoptés dans le texte sont imprimés en italiques.*

C

E

F

H

N

13

S

T

14°

Z